JN059773

原発避難と再生への模索

「自分ごと」として考える

松井克浩

東信堂

はしがき

2011年3月の東日本大震災から、まもなく10年の節目を迎えようとしている。福島第一原発事故により、依然として多くの人びとが故郷を離れた避難生活を続けている。故郷やその周辺に戻った人も、変容した風景や人間関係に戸惑っている。いずれにせよ、事故前にあった元通りの暮らしを取り戻すことは容易ではない。

この10年近くの間に、日本列島では地震や豪雨などの自然災害が相次ぎ、多くの新たな被災者が生まれた。いままたコロナ禍で、たくさんの人びとの暮らしが脅かされている。その一方で、被災地では「復興」の光の側面がクローズアップされ、多くの反対にもかかわらず各地で原発の再稼働も進められてきた。

そうしたなかで、いまだに不自由で不本意な生活を強いられている避難者・被災者は、みずからの被害や不安について声を上げることが難しくなっている。原発事故を積極的に「終わったこと」にしたい人びとと、忘れっぽくて「見たくないものは見ようとしない」私たちが共振してしまうと、被災者の声はかき消されてしまう。だがそれは、理不尽であるばかりでなく、この社会のリスクを高めているのではないか。私たちには、被災者の経験から学び、同じあやまちを繰り返さない努力が求められているのではないか。

本書は、原発避難を経験した（経験している）人びとの「語り」を中心に構成されている。これまでに発表されてきた、避難者数の推移や属性の確認、アンケートによる意識変化の把握は、避難者・被災者を知るための貴重なデータである。それをふまえた上で、本書では、数には還元されない一人ひとりの具体的な経験の重みにこだわりたいと考えた。

　もちろん、こうしたアプローチには限界も問題点もある。限られた対象者の「語り」をもとに、どこまで一般的なことが言えるのか。つらい経験をふり返ってもらい、それを記述することは、対象者を再び傷つけることになるのではないか。ある時点での「語り」から、どこまで避難者・被災者の心情の軌跡をすくい取れるのか……。

　いずれも簡単に答えが出せる問題ではない。個別の事例を位置づけるために、本書では、先行研究や既存のデータによる補足もおこない、テーマに即した探求も試みている。しかし中心は、あくまでも個別的な経験と心情にもとづく「語り」に置きたい。

　対象者の言葉は、ある時点で調査者の問いかけに応じて紡ぎ出される。おそらくは、胸中のゆらぎや迷い、ためらいのなかから選択され、その場で形にされたものである。だが注意深く聞けば、そこにある振幅を引き出すこともできるだろう。また、長い期間をかけて何度も話を聞けば、語り直しや意味づけの変更も受け取ることができ、それをもとに対象者のゆれや迷いを推しはかることもできる。本書で試みているのは、そうした方法である。

　本書は、2017 年に発表した拙著『故郷喪失と再生への時間——新潟県への原発避難と支援の社会学』(東信堂)の続編という位置づけをもつ。対象者の個別性に即するという方法は前著の一部でも試みたが、本書ではそれをさらに深めてみたい。前著の対象者の「その後」についても本書で取り上げている。

　対象者の経験はあくまでも個別的なものだが、それは私たちの理解や接近を拒むものではない。対象者は、長期にわたる避難生活のなかで困難な状況と折り合いをつけようとしてきたが、そこからどうしてもはみ出すものが出てくる。思い惑い、行きつ戻りつする対象者の思考や行動は、私たち自身の経験や想像力とどこかでふれ合い、重なり合う。こうした「語り」を通じてはじめて、私たちは、対象者の喪失と深刻な被害を理解し、それを他人ごとではなく「自分ごと」として感じとることができるのではないか。

　被災と喪失は、それぞれの条件のもとで、一人ひとりによって経験されるしかない個別性をもつ。しかしそこからの再生は、おそらくもっと共同的なものなのではないか。本書ではこうしたことも論じたい。

目　次

目　次／原発避難と再生への模索——「自分ごと」として考える——

原発避難と再生への模索

――「自分ごと」として考える――

序　章　原発避難の現状と本書の課題

1. 原発避難の経緯と現状

原発事故の発生と避難指示

　2011 年 3 月 11 日の東日本大震災によって東京電力福島第一原子力発電所は被災し、炉心溶融と水素爆発という深刻な状況に陥った。事態が緊迫するなかで、11 日中に半径 3 キロ圏内に最初の避難指示が出され、12 日早朝には半径 10 キロ圏内、同日夜には半径 20 キロ圏内の住民に避難指示が出された。15 日には、半径 20 キロ以上 30 キロ圏内の住民に屋内退避指示も出されている。

　4 月 22 日に、政府は福島第一原発から半径 20 キロ圏内を「警戒区域」に指定し、原則立ち入り禁止とした。同時に、飯舘村や葛尾村など 20 キロ圏外の放射線量の高い地域を「計画的避難区域」に指定し、1 ヶ月以内の避難を指示した。その他、半径 20 キロ以上 30 キロ圏内を緊急時に屋内退避か避難ができるよう準備する「緊急時避難準備区域」に指定した（2011 年 9 月解除）。これら 3 つの区域内の住民人口は、146,500 人に及ぶ（山下・開沼編 2012: 370）。また、これらの区域外で事故後 1 年間の積算線量が 20 ミリシーベルト以上になると予測された地域を順次「特定避難勧奨地点」に指定し、避難をうながした（2014 年 12 月までに解除）。

　2011 年 12 月 18 日には、帰還への環境整備や地域再生を目的として、避難指示区域を再編する方針が政府により示された。被曝放射線量に応じて、年間 50 ミリシーベルト以上の「帰還困難区域」、20 〜 50 ミリシーベルトの「居住制限区域」、20 ミリシーベルト以下の「避難指示解除準備区域」に再

編するというプランである。自治体や住民のあいだでは区域再編についてさまざまな議論がみられたが、2012 年 4 月以降 2013 年の 8 月にかけて、順次見直し・再編が進められていった（**図表序 -1**）。

　こうした避難指示区域の再編や区域指定の有無が、賠償の基準や義援金の配分、種々の支援施策の有無に大きく影響したため、住民感情に複雑な影を落とすことになった。

原発避難とその長期化

　原発事故後、第一原発周辺の多くの住民は、行き先も告げられずに「着の身着のまま」で自治体が用意したバスや自家用車で故郷をあとにした。深刻な放射能汚染に見舞われた原発周辺の自治体は、上述のように避難指示区域（警戒区域・計画的避難区域）に指定された。11 市町村に及ぶこの区域からの避難者は、区域内避難者（あるいは強制避難者）と呼ばれる。

　その一方で、政府による避難指示がない地域からも、子どもを連れた母親などを中心に多くの住民が避難した。福島市や郡山市、いわき市など福島県内のみならず、福島県外からもより放射線量の低い地域への避難がなされた。これらの避難者は、区域外避難者（あるいは自主避難者）と呼ばれる。

　復興庁のデータによると、福島県の東日本大震災・原発事故による避難者数は、2012 年 5 月のピーク時に 164,865 人、2020 年 9 月時点では 36,987 人を数えている。そのうち県外への避難者数は、ピーク時（2012 年 3 月）に 62,831 人、2020 年 9 月時点で 29,516 名である。県外避難はすべての都道府県に及んでいて、人数は、①茨城県、②東京都、③栃木県、④宮城県、⑤埼玉県、⑥新潟県の順に多い（2020 年 9 月時点）。

　しかし、こうして発表されている避難者数は、必ずしも「原発避難」の全体像を捉えるものとはなっていない。なぜなら、避難者の定義や集計方法が明確に定まっておらず都道府県によりばらつきがあること、このデータには福島県以外からの避難者が含まれていないこと、さらには福島県内への避難状況については「自ら住宅取得した方や復興公営住宅等へ入居された方」は含まないこと、などが理由である[1]。自治体をまたぐ広域避難が多いことは

図表序 -1　避難指示区域の状況（2013 年 8 月）

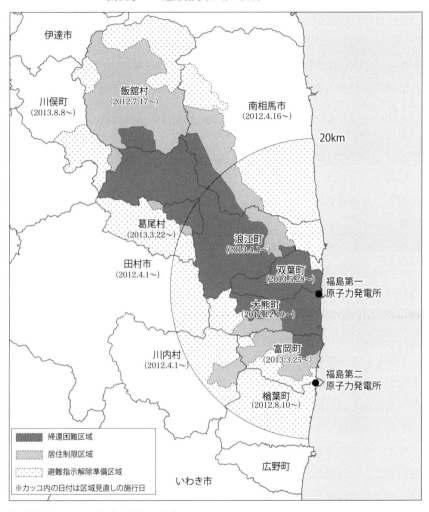

注：福島県ホームページのデータをもとに作成

実態の把握をより難しくしており、支援や賠償にも支障を来している[2]。

避難指示区域の再編と解除

　政府は早い段階から、避難指示の解除と現地への帰還・復興を目指してきた。2011 年 12 月には早くも原発事故の「収束」を宣言し、その一方で除染を進めてきた。居住制限区域や避難指示解除準備区域については、できるだけ早期に避難指示を解除し、それにともなって賠償も終了していくことが合意されている。

　2014 年 4 月からは、田村市都路地区と川内村で避難指示解除準備区域の解除が実施され、2015 年に楢葉町、2016 年に葛尾村と南相馬市で、一部区域あるいは全域で避難指示が解除されていった。2017 年春には、浪江町、富岡町、飯舘村の帰還困難区域を除く全域と、川俣町山木屋地区の避難指示が解除された。2019 年 4 月には大熊町、2020 年 3 月には双葉町の帰還困難区域以外も解除された（**図表序 -2**）。

　避難指示解除後は、できるだけ早期に帰還をうながしたいという意図が込められていると考えられる。2017 年の区域外避難者（自主避難者）に対する借り上げ仮設住宅の供与の終了とともに、避難者に帰還をうながす施策が急速に進められている。

　しかし、福島第一原発の廃炉作業は難航し、山林の除染もほぼ手つかずのままである。除染や自然減衰によって居住区域の放射線量は低下しつつあるが、事故前の被曝限度（年間 1 ミリシーベルト）を上回る基準での解除には不安を覚える住民も多い。病院や商店、福祉施設などの生活インフラも不十分なままである。その結果、すでに避難指示が解除された市町村でも、実際に帰還している住民の数は少数にとどまっている（第 1 章参照）。帰還を選ぶ住民には高齢者の割合が高く、子育て世代はリスクを避けて避難先にとどまるケースが多い。地域を守るため、地域の復興をうながすためという旗印を掲げた早期帰還政策が、結果的には地域住民を分断し、長期的な復興をむしろ妨げているのではないだろうか。

図表序 -2　避難指示区域の状況（2020 年 3 月）

注：福島県ホームページのデータをもとに作成

新潟県への広域避難

　本書では、上述のような全体状況を念頭におきながら、対象としては主として新潟県への広域避難の事例を取り上げる[3]。原発事故の直後から、避難指示が出された区域に住む人を中心に、福島県の隣に位置する新潟県にも多くの住民が避難してきた。3月中のピーク時にはおよそ1万人を数えて、この時点で広域避難者の最大の受け入れ県となっている。県内すべての市町村が避難所を開設して、避難者を受け入れることになった。

　近年の新潟県中越地震、中越沖地震などでの被災経験も生かしながら、各市町村は工夫を凝らした対応を続けた。ノウハウの蓄積や市民の熱意とともに、行政や市民団体のネットワークが育っていたことも、避難者支援の場面で有効性を発揮した（松井2011，2017，髙橋編2016）。新潟県は、広域避難者を対象とした意向調査を継続的に実施するとともに、その結果をふまえた独自の施策を展開してきた（髙橋2014）。たとえば、山形県についで全国で2番目に民間借り上げ仮設住宅制度の導入を決め、さらに福島県と新潟県で二重生活を強いられている避難者を対象とした高速バス料金や高速道路料金の支援を独自におこなってきた。

　福島県から新潟県への広域避難者は、2020年9月時点で2,202人で、茨城県、東京都などについで6番目に多い。原発事故直後は、避難指示が出された警戒区域等からの避難者が大部分を占めていたが、時間の経過とともに区域内からの強制避難者は一貫して減少している。逆に、郡山市や福島市などの避難指示区域外からの自主避難者は2012年春まで増加を続けた。それ以降、区域内・区域外の避難者はほぼ同数で推移してきたが、避難指示の解除等もあって、現在では区域外の避難者の方がやや多くなっている（**図表序-3**）。

　新潟県内の受け入れ自治体別でみると、事故直後は柏崎市がもっとも多く、やがて新潟市への避難者が増加して順位が入れ替わった。2020年9月時点では、県内の避難者のおよそ6割がこの二つの自治体で生活しているが、両市における避難者の構成は対照的である。東京電力柏崎刈羽原子力発電所が立地している柏崎市には、双葉郡など区域内からの避難者の割合が高く、新

図表序 -3　福島県からの広域避難者の推移（人数）

日付	新潟県			柏崎市			新潟市		
	全体	区域内	区域外	全体	区域内	区域外	全体	区域内	区域外
2011/4/29	7,810 (100.0%)	6,137 (78.6%)	1,673 (21.4%)	2,002 (100.0%)	1,818 (90.8%)	184 (9.2%)	754 (100.0%)	568 (75.3%)	186 (24.7%)
2012/4/27	6,521 (100.0%)	3,366 (51.6%)	3,155 (48.4%)	1,398 (100.0%)	1,304 (93.3%)	94 (6.7%)	2,495 (100.0%)	536 (21.5%)	1,959 (78.5%)
2013/5/10	5,064 (100.0%)	2,612 (51.6%)	2,452 (48.4%)	1,029 (100.0%)	965 (93.8%)	64 (6.2%)	2,062 (100.0%)	486 (23.6%)	1,576 (76.4%)
2014/5/2	4,281 (100.0%)	2,274 (53.1%)	2,007 (46.9%)	896 (100.0%)	846 (94.4%)	50 (5.6%)	1,763 (100.0%)	429 (24.3%)	1,334 (75.7%)
2015/5/8	3,753 (100.0%)	2,061 (54.9%)	1,692 (45.1%)	813 (100.0%)	781 (96.1%)	32 (3.9%)	1,562 (100.0%)	415 (26.6%)	1,147 (73.4%)
2016/4/30	3,339 (100.0%)	1,366 (40.9%)	1,973 (59.1%)	728 (100.0%)	644 (88.5%)	84 (11.5%)	1,383 (100.0%)	250 (18.1%)	1,133 (81.9%)
2017/4/30	2,803 (100.0%)	1,269 (45.3%)	1,534 (54.7%)	683 (100.0%)	614 (89.9%)	69 (10.1%)	1,119 (100.0%)	239 (21.4%)	880 (78.6%)
2018/4/30	2,595 (100.0%)	1,151 (44.4%)	1,444 (55.6%)	610 (100.0%)	549 (90.0%)	61 (10.0%)	1,055 (100.0%)	229 (21.7%)	826 (78.3%)
2019/4/30	2,427 (100.0%)	1,061 (43.7%)	1,366 (56.3%)	568 (100.0%)	510 (89.8%)	58 (10.2%)	992 (100.0%)	213 (21.5%)	779 (78.5%)
2020/4/30	2,257 (100.0%)	999 (44.3%)	1,258 (55.7%)	536 (100.0%)	479 (89.4%)	57 (10.6%)	896 (100.0%)	186 (20.8%)	710 (79.2%)
2020/9/30	2,202 (100.0%)	982 (44.6%)	1,220 (55.4%)	528 (100.0%)	473 (89.6%)	55 (10.4%)	872 (100.0%)	187 (21.4%)	685 (78.6%)

注1　新潟県震災復興支援課資料をもとに作成。病院・社会福祉施設等を除いた市町村集計分。
注2　2011 ～ 2015 年の「区域内」は、市区内全域または一部が警戒区域、計画的避難区域、緊急時避難準備区域に設定されている（または設定されたことのある）市町村。
注3　2016 年以降の「区域内」は、2015 年 6 月 15 日時点での「避難指示区域内」を指す。

潟市には福島県中通りなど区域外からの自主避難者・母子避難者の割合が高い（松井 2013）。

　この 9 年半で、避難者数はピーク時のおよそ 5 分の 1 に減少した。区域内からの強制避難者は、福島県内の仮設住宅や復興公営住宅への入居、あるいは中通りやいわき市などに自宅を購入するなどして帰還した人も多く、区域外避難者は子どもの進学や経済的困難、親の介護などの理由により自宅に

戻るケースが増えていった。その一方で、新潟県内に自宅を求めて移住を選択する人も徐々に増加している。

避難者の現状──新潟県によるアンケート調査から

　新潟県が県内の避難世帯を対象として毎年おこなっているアンケート調査の最新版（2019年11月〜12月実施）によると、今後の生活拠点として「このまま新潟県に定住する」が45％（157世帯）、「（いずれは）避難元に戻って生活する」が30％（104世帯）、「生活拠点をどうするか未定」が22％（76世帯）という結果になっている[4]。2020年4月以降の住居については、避難指示区域内では「自宅（購入を含む）、親戚・知人宅」が49％（88世帯）、区域外では26％（43世帯）だった（区域外では「民間賃貸住宅」が52％で最も多い）。

　以前と比較すると、新潟県への定住を望む世帯の割合が高まっており、区域内の避難世帯を中心に新潟県内に自宅を再建した世帯の割合も高くなっている。ただし自宅の再建が、必ずしも避難の終了や元の生活の回復という意味での生活再建を意味しないことについては、本書の1章および4章でも取り上げたい[5]。

　また、避難者が抱える困りごとや不安なことについて、アンケートの自由記述をもとにまとめられている。避難指示区域内からの避難者では、「健康（病気を抱えている、放射能の影響への不安）」に関するものが8％（15世帯）で最も多く、ついで「先行きが不透明で将来不安」が5％（9世帯）となっている。区域外では「生活費の負担が重い」が21％（34世帯）で、ついで「子育て、学校」が11％（18世帯）、「健康（病気を抱えている、放射能の影響への不安）」が8％（13世帯）の順だった。

　各項目で、困りごとを訴える世帯の割合が増加しており、とくに区域外の「生活費の負担が重い」は、2016年（7％）と比較して3倍となっている。2017年3月の借り上げ仮設住宅供与の終了が影響していると考えられる。

2. 本書の課題と方法

2-1 被災者にとっての復興──前著の問題提起

　2017 年に出版した拙著『故郷喪失と再生への時間』(以下、前著) では、新潟県への原発避難と支援を対象としてその経過をたどり、いくつかの課題を指摘した。

　まず、避難者の受け入れと支援に焦点をあてて、「支援の文化」の核心は「被災者の誇りと尊厳」をどう引き出し、守るかにあると述べた。ついで、区域内・区域外避難者の「語り」から、生活の変化にともなう「思い」の変化をたどった。避難者の孤立化と世論の無関心が進むなかで、個別的な選択の尊重とともに共通のベース (コミュニティ) の構築をともに追求することが課題であると述べた。最後に、新潟県中越地震の被災地の例も経由しながら、「場所」のもつ意味について考察した。その上で、長期・広域避難を強いられている原発被災者の場合は、〈「住民」や「地域」の再定義〉が重要な意味をもつと述べた。前著では、以上の論述をふまえて、終章「『復興』と『地域』の問い直し」において、2 点の問題を提起した。

「人生の次元」と被災者の「尊厳」

　第 1 に、被災者にとっての「復興」とは何か、という問題である。若松英輔の議論をふまえて、広域避難者にとっての「生」について検討した (若松・和合 2015)。故郷を遠く離れて、慣れない土地での生活の立て直しを迫られた避難者は、「生活の次元」にある日々の暮らしの諸問題に直面し続けてきた。その一方で、一人ひとりの避難者がそれぞれ積み重ねてきた「人生の次元」、その蓄積をふまえた未来への展望は、事故と避難により断ち切られてしまった。

　つまり広域避難者は、「人生の次元」ぬきの「生活の次元」を強いられてきた。日々の暮らしがなんとか成り立っていても、過去から未来を貫く生の軸が欠如しているために、自分の位置を確かめ、見定めるための尺度を失っている。それが、「宙づり」の感覚をつくりだし、どこか断片化された生を

生きることを強いられてきた。過去から未来を貫く生の軸をふまえた深いレベルでの「納得」がなければ、再生に向けた歩みを進めることは難しい。ところが現状では、避難者の「人生の次元」を無視して、たとえば帰還か移住かの二者択一的な選択を性急に迫っている。

　また何人かの避難者は、「難民」という言葉でみずからを語っていた。その背後にあるのは、原発避難者の多くがかつて営んでいた「根っこのある生き方」ではないか（松薗 2015）。比較的狭くて手ざわりのある生活空間のなかで、時間と空間の積み重ねを共有する人間関係に根ざした暮らしが存在していた。それもまた「人生の次元」の重要な構成要素だった。避難者は、共同的な営みにおける「承認」や「見られ、聞かれる」経験、その蓄積も喪失したのである。避難により無理やり引き抜かれた後に、かけがえのない人間関係、取り替えのきかない「場所」として振り返るなかで、「根っこ」は事後的に意味づけられている。避難者であることにつきまとう、地に足が着いていないふわふわした感じ、「間借り」感や居場所のなさは、「根っこ」を失ったことにも起因しているのだろう。

　当たり前の平穏な暮らしを営む権利、過去と未来の連続のなかにある「人生の次元」を一方的に奪われ、傷つけられ、しかも誰も責任をとらず、周囲からの理解も得られない。事故直後は避難を強いられ、今度は必ずしも条件が整わないまま帰還を迫る動きが強まっている。こうした過程で損なわれ続けた被災者の「尊厳」が回復されなければならない。それがかなったときにはじめて、「被災者にとっての復興」を語ることができるはずだ。

「地域」の問い直し

　第 2 に、「地域」あるいは「地域コミュニティ」という言葉を再検討する必要があるという問題提起をおこなった。「地域」の復興を前面に押し出すことは、被災者の再生を後押しする可能性をもつと同時に、被災者間の分断や尊厳の毀損に導くものでもある。地域の早期復興を掲げることが、逆に避難者に帰還をあきらめさせ、住民のあいだに壁をつくり、結果的に地域を壊してしまいかねない。多くの避難者が、避難先と故郷のあいだで「ゆれ」て

いる。それは、避難先での自分の生活を故郷と切り離すことができない、ということである。心のどこかで故郷を意識し、故郷への「思い」を残している。こうしたゆれや迷いは、避難元の地域のあり方を再考するきっかけになりうる。

　たとえば、故郷の記憶、コミュニティに支えられてきた生の記憶を紡ぎ出し、継承していくこと。それを軸に「仮想の地域コミュニティ」を組み立て、ゆるやかで長期的な関係を維持していく取り組み、などがヒントになるだろう。さしあたりは、土地に縛られず、空間に固定されないことにポジティブな意味を見いだすという方向である。被災者・避難者のゆれや迷い、選択のし直しを肯定する「仮の容器」として地域コミュニティを考える、バーチャルな空間を肯定することによって地域の持続をはかる行き方である。

　地域を守ることが住民を守ることになる仕組み、地域の復興が個々の住民の復興につながる仕組みを構想し、実現するためには「時間」の軸について再考することも必要である。地域の空間を問い直すとともに、地域の復興に要する時間、被災者の復興に要する時間についても捉え直すことが求められる。被災者・避難者の生活を維持・再生することは緊急の課題であるが、避難元である被災地の復興は、もっと時間をかけて取り組むべき課題である。今後長期間、場合によっては世代を超えた取り組みを要するだろう。

　地域のメンバーを現在の世代に限定するのではなく、次の世代、その次の世代へと引き継いでいく。たとえ帰還し、居住していなくても、時間を超えて地域のバトンを受け渡していく。次の世代にバトンをつなぐことは、現在の世代の気持ちの上での復興にも結びついていく。「仮想の地域コミュニティ」は、暮らしの記憶を受け渡す場でもある。

　こうして、時間（「いま」）と空間（「ここ」）を超えた「地域」をイメージすることができる。いわば、〈想像上の場所としてのコミュニティ〉である。〈リアルな生活空間としてのコミュニティ〉とは仮に切り離された〈想像上の場所としてのコミュニティ〉を想定し、その二重性のもとで「地域」を捉え返す。それにもとづいて、被災者の生活再編と復興をはかっていくという方向である。それをたしかなものにするためにも、故郷や地域への「思い」

をもつ人をつないでいく仕組みづくりの工夫が必要とされる。

2-2　本書の課題と構成

本書の課題

　本書は、前著の終章で提起した以上のような問題を引き継ぎ、時間の経過をふまえて考察を深めることを目的としている。前著では、抽象的・理念的な記述になっている点を、もう少し肉づけしてみたい。原発事故から10年近くが経過するなかで、被災者・避難者はそのつどの判断を繰り返しながら、避難を継続し、あるいは帰還を選択してきた。しかし全体としてみると、時間の経過は、それぞれの被災者個人や家族の復興や再生に必ずしも結びついていないように見える。それはなぜなのだろうか。

　この点を考えるために、まず、長期化している「被害」の実情を明らかにする必要がある。避難先においても、避難指示が解除されて帰還した避難元においても、被災者はさまざまな困難に直面している。何が被災者を苦しめてきたのか、またいま苦しめているのか。時間にともなう変化と現状を見ていく。

　それをふまえて、被災者の「人生の次元」を、それぞれの避難生活の経過に即して掘り下げてみたい。被災者はさまざまな課題に直面して、それに「個人的に」取り組んできた。「生活の次元」で折り合いをつけたつもりでいても、つけきれずに浮かび上がってくるものがある。そうした、アイデンティティや尊厳とかかわる「人生の次元」について、具体的な事例にもとづいて考えてみたい。

　こうした「人生の次元」の回復は、どうすれば可能になるのか。この問いは、前著で「地域」「コミュニティ」という概念を再検討すべきと述べた点とかかわる。上述したように、〈リアルな生活空間としてのコミュニティ〉と〈想像上の場所としてのコミュニティ〉との二重性のもとで「地域」を捉え返すという提起をおこなったが、もう少し広く「関係性」「共同性」という角度から考えた方がよいかもしれない。(広い意味での) 地域は、被災者が回復・再生するための重要なツールの一つだが、むろん唯一のものではない。

以下では、「話す－聞く」関係の意義、記憶の整理と伝達という点なども加味して考察してみたい。

本書の視角と方法

　本書では、原発事故と避難にともなう「被害」を、数には還元できない被災者一人ひとりの人生にとっての固有の「意味」から考えることにする。すなわち、対象事例を「人びとの意図、動機をともなった『意味的世界』」をなすものとして理解するところから出発する（細谷 2017）。そのために、被災者の経験と思いに関する「語り」を主要なデータとして示していく[6]。

　私たちはともすると、被災者、避難者、被害者……として対象者をひとくくりにしてしまう傾向がある。だが、「被災者個人が感じる喪失、悲嘆は一つとして同じではない」（田村ほか 2016: 241）。被災者による個人的な「語り」は、その人生において突然引き受けざるを得なくなった被害を、それへの対応も含めて具体的な形で表現する。まずはそうした、被災者による個別的な受け止めから出発したい。

　一人ひとりの被災者は、みずからを取り巻く諸条件をどのように認識し、対処してきたのか。被害や喪失をどのように受けとめてきたのか。過去の自分がなしてきた認識や選択とどう向き合い、現在に組み込んでいるのか。そこにはどのような了解や納得、迷いや後悔、葛藤がみられるのか。何に絶望し、どこに希望を見いだそうとしているのか。被災者自身による体験の整理や新たな関係構築の試みは、その再生に向けてどのような意義をもつのか。

　同じ対象者に繰り返し話を聞くことにより、時間の経過にともなう心情や認識の変化を知ることができる。その都度の思いを、対象者はもっともふさわしいと考えた言葉に託し、話してくれる。やがて時間がたつと、その気持ちは変化し、「あのころはそんなこと考えていたんですね」とふり返ることもある。だが、その都度の語りは、対象者の経験の軌跡をたしかに表現したものである。

　その一方で、過去の話の「語り直し」や意味づけの変更に出会うこともある。ある時点では、着実に暮らしを営み、関係性を維持しているように語っ

てくれた避難者が、数年後に「でも本当は不安でたまらなかったんです」と話すこともある。話せなかったこと、自分でも認められなかったことが、時間がたつことによって言葉にされることもある。意識して前を向こうと思っても、過去のできごとが「とげ」として行く手に立ち現れることもある。

　しかし考えてみると、被災当事者ではない私たちの生活や思考も、脇目もふらずに直線的に前に進むわけではない。何かあるたびに、迷い、葛藤し、選んでは後悔し、行ったり来たりする。それは、本書で描き出す被災当事者の軌跡と、どこかで重なり合うだろう。それは私たちが、自分の問題として対象者の深刻な被害と喪失を理解することにつながるのではないか。対象者が受けた（いまも受け続けている）深刻な被害だけでなく、被害と「折り合い」をつけようとする試みや、みずからの体験を整理・再定義しようとする試みを、迷いや葛藤を含めて描くのは、そうした意図にもとづいている。

　対象者の「意味的世界」を丹念に読み解くことによって、被害の特徴や被災者を方向づけている社会的な制約条件を浮かび上がらせたい。またこうした制約条件を乗り越えようとする当事者の模索から、被災者の再生に向けたヒントも得たい。個別的なものとして立ち現れる被害や喪失からの再生は、共同性を含みこんだ形で展望できる。それは現在の制度や政策を問い直すこと、社会のありようそれ自体を再考することにつながるだろう。

本書の構成

　第1章「終わらない被害——避難の長期化にともなう生活の現状」では、継続的におこなってきたインタビューで得られた避難者の「語り」をもとに、被災から長い時間が経過した現在においても「被害」が継続していることを取り上げる。避難先での避難者の暮らしの経過や、被害を周囲に「語れない」状況の問題性、避難元市町村あるいは福島県への帰還をめぐる状況、という3つのテーマについて順次みていく。その上で、被害の性格を特徴づけているものが、「関係の喪失」と「個人的な判断」を迫られ続けてきたことにあると述べる。

　第2章「被災・避難経験の捉え返し——「折り合い」と「意味づけ」」は、

前章同様、継続してきたインタビューをもとに、被災と避難という特別な経験を当事者はどのように意味づけ、再生への契機としているのかについて考えたい。それを、生活面での「折り合い」とそこからはみ出すもの、自分の経験を整理して他者に「語りかける」ことの意味、被災者間や被災者と非被災者の間の壁を乗り越えて「つながり」をつくろうとする被災者自身の試み、という3つの視角からみていく。その上で、現在の避難者・被災者が「個人」として背負わされている問題を、人まかせにせずに社会全体の問題として受け止める必要があることを述べる。

　第3章「長期化する原発避難──「関係性」の変容と支援の課題」では、1章と2章の事例を含む新潟県への原発避難と支援の経過を、時系列的に整理し直す。「関係性」の変容をキーワードとして避難者が直面する状況と支援課題の変化を跡づけるとともに、避難と被害の「不可視化」にともなう困難を明らかにしたい。ついで、中越地震の被災者ケアを担当し、いままた避難者のケアにあたっている団体の活動を取り上げる。「復興格差」が進むなかで、より困難を抱えた避難者の状況を明らかにして、自然災害と比較した原子力災害の特徴についても考察したい。

　第4章「被災・避難の記録と検証」では、災害の「記憶」が当事者の再生に果たす役割、記憶を記録する意味、福島事故を検証する試みについて論じる。第2章の事例にもふれながら、被災の記憶を振り返って整理・記録する意味や、経験を再定義することによる自己回復の試みについて考察する。ついで、新潟県が取り組んでいる福島事故の検証（「3つの検証」）を取り上げ、避難生活に関する検証作業を中心に、その成果と課題について考察する。

　補論1「原発事故避難者の声を聞く」、補論2「原発事故広域避難者の声と生活再建への道」は、雑誌に掲載されたインタビューを再録・抄録したものである。前者は、自然災害からの復興・再生とも比較しながら、今回の原発避難の場合は当事者のための政策や制度になっていないこと、忘却に抵抗し、自治の再構築をはかる必要があることなどを話している。後者は、避難者が置かれた理不尽な状況と「宙づり」の状態について語り、生活再建に何が必要なのかについても考えを述べている。いずれも、編集者の質問に回答

する形でこの間の研究の経緯と内容について話しており、本書の論述を補足する位置づけにある。

　最後に終章「再生のために」で、本書の全体を振り返った上で、考察と結論を述べたい。被災者の再生をはばむ構造について検討したのち、被災者の「再生」のために何が必要なのかを論じる。その際には「聞く人」の役割や「関係の治癒力」に着目したい。

注

1　避難者の集計方法の問題点については、関西学院大学復興制度研究所ほか（2015）などを参照。福島県による避難者の定義については、福島県ホームページを参照（https://www.pref.fukushima.lg.jp/site/portal/shinsai-higaijokyo.html）。

2　原発事故と避難に関して近年刊行された主要な文献としては、次のものがある。長谷川・山本編（2017）、戸田編（2018）、関編（2018）、藤川・除本編（2018）、吉田（2018）、西城戸・原田（2019）、丹波・清水編（2019）など。2016年以前の、災害と広域避難に関する研究動向については、松井（2017: 15-20）でまとめている。これらの研究から本書は多くを学んでいる。

3　新潟県への原発避難を対象とした研究としては、髙橋編（2016）、松井（2017）、渡邊（2018）、髙橋・小池（2018）、髙橋・小池（2019）、髙橋ほか（2020）、関（2020）などがある。

4　本調査は、郵送による悉皆調査として実施されている。調査対象は新潟県に避難している825世帯で、回答数は349世帯（回答率42.3％）だった。避難元の内訳は、福島県の避難指示区域内が179世帯（回答率49.6％）、区域外が165世帯（同37.6％）、他県が5世帯（同20.0％）である。調査の詳細については、新潟県ホームページを参照（https://www.pref.niigata.lg.jp/sec/shinsaifukkoushien/20200304ikouchosa.html）。なお、2011年7月から2015年3月にかけて公表された5回のアンケート結果については、髙橋若菜による分析を参照（髙橋2014, 髙橋編2016: 180-200）。2016年3月公表分については、松井（2017: 12-14）でも言及している。

5　なお、本書では「被災者」「避難者」という2つの言葉を、文脈により使い分けている。その用法は、高木竜輔による定義に準じている。「原発被災者を『原発事故ならびに放射能汚染により何かしらの被害を被っている人』と定義し、原発避難者の上位概念として捉えておく」（高木2017: 95）。ただし、たんに「被災者」という場合は、自然災害による被災者を指す場合もある。

6　言い換えると、「語り」のなかに示される対象者の行為を、動機と理由を備えた広い意味での「合理的行為」として「理解」する、ということである（岸ほか2016）。

第1章　終わらない被害
──避難の長期化にともなう生活の現状──

1. はじめに

　福島第一原発事故による避難者の数は、復興庁などから発表される統計の
上では、この 9 年半で大きく減少した。またこの間、復興公営住宅への入居
や、東京電力の賠償等により避難先に自宅を再建するなどして、「仮設」で
はない住居の確保も進展している。しかし、それにより被災者の生活再建は
本当に進んだのだろうか。被災者個々の経験と心情に分け入ると、一定の暮
らしの安定がうかがえる一方で、「終わらない被害」の存在を感じざるをえ
ない。

　本章ではこうした、表面的な数字の動きからは見えてこないような原発事
故の「被害」の実情について考えたい。私は福島県から新潟県に避難してき
た人びとから、これまで継続的に話を聞いてきた。ここではとくに、2018
〜 2019 年に実施したインタビューのデータを中心に、過去に実施してきた
インタビューも加えて議論を進めていく。原発事故直後の状況から 7 〜 8
年経過した時点までの暮らしと思いの変化をたどり、避難生活の経過と長期
化にともなう現状を明らかにしたい。

　以下では、3 つのテーマに焦点を当てて、避難者の事例を順に取り上げて
いく。まず、避難者の仕事や家族、経済面での生活の苦しさなどを中心に避
難先での暮らしについての語りをもとに考える（第 2 節）。避難者の懸命の
努力の結果、表面的な暮らしの安定は実現しているが、だからといって「納
得」も「地に足のついた実感」も得られていないことを示す。

　次に、避難者が自分の出身地や自分が受けた被害について周囲に「語れな

い」という事例を考察する（第3節）。それは、周囲の偏見などにより関係性がうまく成り立っていないことを表しているが、深刻な「いじめ」の被害や孤立につながるケースもある。故郷を誇れないことは自尊感情を損ないかねないし、喪失や損失について語れないことは被害の過小評価や隠蔽にもつながってしまうだろう。

　さらに、避難元市町村あるいは福島県への帰還について取り上げる（第4節）。広域避難者は、避難先にとどまるか、帰還するかの選択をつねに迫られてきた。帰還を選択する人の多くは不安を抱えているし、避難先に当面とどまることが移住を意味するわけでもない。帰還をめぐる避難者の迷いや不安を描き出すとともに、避難指示が解除された南相馬市小高区の事例をもとに避難元の様子にも言及する[1]。

　なお、それぞれの避難生活の経過は、政策的・社会的な諸条件のもとで、避難者が選択を繰り返してきた軌跡でもある。それを示すために、各テーマ（各節）の最後の項で、先行研究や資料をもとに関係する制度や統計データなどを簡単に紹介して、各事例の位置づけを試みる。

　最後に、論点ごとに事例を振り返った上で、先行研究に言及しながら「終わらない被害」の現状を確認し、長期にわたり被災者の再生を阻むものについて考察したい（第5節）。

2. 避難先での暮らし

2-1　毎日アップデート

　青木峻（仮名、40代）は、福島第一原子力発電所が立地する双葉町で水泳のインストラクターをしていた[2]。会員制のクラブに勤務し、子どもから高齢者までそれぞれの技量に合わせて泳ぎを教える仕事である。会員の成長を実感する毎日で、そこに喜びや生きがいを感じることができた。震災と原発事故が起きたのは、インストラクターを始めてちょうど20年目にあたる年で、そうした生きがいを「一瞬で奪われ」てしまった。

　新潟県柏崎市を避難先に選んだのは、妻の父親が仕事の関係で滞在してい

たからである。妻と当時中学生から 0 歳までの子ども 3 人とともに、さし
あたりは義父の元に身を寄せることになった。2011 年の 6 月からは、市の
委託で避難者の見守り支援をおこなう NPO の職員となり、市内に多数いる
避難者宅の訪問と交流拠点施設での仕事に従事してきた。

　東京電力柏崎刈羽原子力発電所が立地する柏崎市には、双葉郡の住民を中
心に一時 2,000 名を超える人が避難してきた。新潟県内の自治体別でみると、
当初もっとも多い避難者を迎え入れることになった。同じ東京電力の原発が
稼働していることから、双葉郡の人びとのなかには柏崎市で勤務の経験が
あったり、青木のように家族・親戚や仕事関係の知り合いがいるなど、なん
らかのつながりや土地勘がある場合が多かった。とはいえ、予想外の事故に
より文字通り「着の身着のまま」の避難を強いられて、多くの人は見知らぬ
土地で不安な生活を送らざるをえなかった。

「福島なまり」で話しかける

　柏崎市では、把握できている避難者の住居を巡回して様子を尋ね、必要に
応じて相談にも乗る戸別訪問を 2011 年 6 月から実施していった。青木のよ
うに避難者から採用された支援者（7 名）は、「福島なまり」で話しかける
ことにより、相手の安心感を引き出すことができた。その一方で、慣れない
生活に追いつめられた避難者から厳しい言葉を投げかけられたり、つらい思
いに強く共振してしまうこともあった。「重いケースにあたると、やっぱり
しばらく立ち直れないですね。性格は楽天的なんですけど、でもやっぱり本
気になって聞こうとすると、どうしてもプレッシャーを感じる。休みでも何
となくその人のことが頭にある。つらい仕事だとつくづく思います」(2011.9)。
　青木は後に、この時の経験を振り返って次のように語ってくれた。

　　（故郷が近いことにより）心の開き方が違ったというのは、避難者が避
　難者を見守る上でとても大事なことだったと思います。つらかったのは、
　やっぱり同じ避難者なので同じ気持ちで聞いてしまう。心で聞いてしま
　う。夜も眠れない経験を何度かしました。寄り添いすぎたというか、聞

きすぎたというか、心を入れ込みすぎたというか、そういうところではかなり苦労しました。……避難者の支援はどこの被災地に行ってもあるんですが、支援者の支援がないんです。支援者が困った時に頼れるところがない。避難者は吐き出すことができたのでいいんですけど、支援者は必ず話の秘密は守らなきゃいけないので、どこにも吐き出せない。心のなかで悶々としなきゃいけなくて。その支援者の話を聞いてくれるカウンセラーみたいなものはすごく必要だったと思っています。(2018.7)

　避難者を支援者として雇用する仕組みには、避難者に対する緊急の経済的支援という意味もあった。だが、そうした支援者に対する専門的な訓練や制度的なサポートを欠いたまま、困難な現場に送り込むことになってしまった。青木の職場では、彼が必要性を訴え、ようやく精神科の医師や保健師による支援を受けることができるようになった。この点も、多くの被災地に共通の、今後に引き継がれるべき課題だったといえる。

ビジョンはとくにもってない

　青木は、避難者に対する見守り訪問を継続するとともに、2014年に防災士の資格を取って、自治会や自主防災組織で防災講座を開いたり、学校などでの防災教育にも従事するようになった。たとえば自治会で地域住民を前にすると、その地域で予想される自然災害について東日本大震災の経験も交えながら話す。災害で「死なない環境」をつくるために何が必要なのか、その後をどう生き延びるのかを「熱く」語ることを心がける。

　もっとも伝えたいことは、結局「地域コミュニティができているかどうかが一番大事」ということである。それは、青木自身の経験に裏打ちされている。青木の発信を受け止めて、隣近所でバーベキューをするようになった事例もあった。「だから面白いです。水泳のコーチは天職だと思ってましたけど、もしかしたらこっちのほうが向いてるんじゃないかって、ここ半年ぐらいそう感じていて」。避難してから始めた新しい仕事について、難しさとともに確かな手応えも感じている。

　しかし、その一方で青木は、避難先で新たに組み立て直しつつあるみずからの人生に対して、〈生の不確かさ〉のようなものも感じている。「これから先どうするか、自分のなかでビジョンみたいなものはありますか」という学生からの問いかけに対して、青木は次のように話した。

　　ビジョンはとくにもってないです。毎日アップデートしていく感じです。昨日より今日がよければいいという感じ。アップデートです。毎日何かしら吸収して、死ぬまでいけたらなっていう。で、その時に途中で、たとえば双葉町に帰れますよって誰かが呼びに来るとか、電話が来て、その時に帰る気持ちになれば帰るかもしれない。ずっと死ぬまで一生ここにいるかもしれない。東日本大震災を経験したからなのか、あんまりビジョンをもたないようにしてる。今日、いま楽しければいいかって。ただそこで、ある程度はありますよ。子どもが大きくなるにつれ何かしなきゃいけないとか、このぐらいはそのうちに必要だなっていうのはあるけど。

　　皆さんがもってるような、何年後にどうこうなって、その後にこうなって、っていうのが打ち砕かれたんで。スイミングスクールのコーチで、65 歳になるまで一生やるんだなって思ってたから。それが 41 歳でぶん投げられて、あれ、ゼロから？　みたいな感じになったから。その辺は人間的に強くなれた部分ではあるのかなと思います。毎日アップデートしてます。(2018.7)

「毎日アップデート」。青木は現在の心境を前向きにこう表現している。しかしそれは、長期的なビジョンをもてなくなってしまったことの裏返しでもある。私たちは、過去の蓄積の上に現在があり、その延長線上に未来があると、とくに意識することもなく当たり前のように感じている。そうした時間の積み重ねが突然断ち切られる経験をすると、人生や日々の生活を〈断片化〉したものとして受け止めざるをえなくなるのかもしれない。長期的な展望を失い、「いま楽しければいい」という心境になる。青木は新たな仕事に

手応えを感じながらも、「皆さんがもってるような」時間感覚やビジョンを
奪われてしまったことを伝えている。

自分が自分じゃない部分

こうした〈生の断片化〉と関連して、「自分が自分じゃない」という意識
がある。その背景の一つに、とくに避難指示区域からの避難者に対して東京
電力が実施した「賠償」がある。賠償は当然、損害に対するつぐないであ
る。しかし、「損害」に対する十分な認識を欠いたまま、「賠償」の部分だけ
がクローズアップされる傾向があった。また、そもそもなぜ避難せざるをえ
なかったのかという根本的な原因が忘れられて、単に「お金をもらっている
人」という誤解が強まる。こうしたことが、時間がたつにつれて、避難先の
住民が避難者に対して向けるまなざしに影響していったのである。

青木が自分の意識や行動をあらためて振り返ってみると、ずっと「気をつ
かって」きたという。

　　　何か話をする時に一番最初に思うことは、話の内容じゃなくて「あ、
　　こいつは福島県から来たやつなんだな」って思われてるなって思いなが
　　ら、第一声を発するみたいなところはあります。たとえば近所の人も仲
　　はいいんですけど、目を見られた瞬間に「ああ、こいつ福島から来てん
　　だな」って思われてるって思いながら話をしてます。だからなんとなく、
　　やっぱり自分が自分じゃない部分というのがあります。俺なんですけど
　　俺じゃないっていう感じ。ここにいると何かつくっている感じはありま
　　す、自分を。
　　　逆に福島県に行って友だちに会うと、もうべらべらべらべらいつも以
　　上に話します。その方が気分がいいし、視界が晴れる。そういう思いを、
　　たぶん一生抱えていくんだなって思いますよね。(2019.8)

私たちはいつも、多かれ少なかれ周囲のまなざしを想定して自分の振る舞
いを決めている。しかし青木の場合は、その度合いが通常のレベルを超えて

いるように見える。避難先ではつねに、「福島県から来たやつ」と思われていることを意識しながら話す。そのため自分が自分ではないという思いを抱き、そこにギャップやストレスを感じ続けてきた。こうした〈自己喪失〉や先にみた〈生の断片化〉は、福島県外で暮らす多くの避難者の語りに共通して含まれている。

2-2　仕事の見通しは明るくない

　木村一哉（仮名、50 代）は、福島県富岡町の中心部で手芸用品や文房具の販売、ミシンの販売・修理などの自営業に携わっていた[3]。親の代から続く、地域一帯に高い知名度をもつ店を営むとともに、PTA や商工会、消防団などで多くの役職を引き受けてきた。地元の「よさこい祭り」の実行委員として祭りの盛り上げにも力を尽くし、友人たちとも毎晩遅くまで飲み歩いた。

風に吹かれて着いたところがここ

　地震の後は両親と本人夫婦、高校生・中学生の子ども 3 人で避難所を転々とし、最終的には妻の姉が暮らす柏崎市を避難先に選んだ。1 年目は、市内の菓子工場でアルバイトをしながら店の再開を模索したが、先行きも見通せず不安のなかで苦しむ毎日だった。「お金は入ってこないし、仕事はできないし、アルバイトをやっても微々たるものだし。だから先行きがものすごく不安でした。いつ食えなくなるのかわからない状態のなかで、不安のなかで闘っていました」（2012.4）。その一方で、避難先の地域には暖かく受け入れてもらったと感じている。町内会の行事や地域の祭りをきっかけとして、近隣の人びととの日常的な交流も生まれた。

　富岡町の自宅があった周辺は、2013 年 3 月の区域再編により居住制限区域に指定された。残してきた自宅も時間の経過とともに荒れ果て、大熊町などの帰還困難区域に「放射能のゴミが全部集まってくる」ことも予想できる。だからたとえ将来避難指示が解除されても、子どもを連れて戻る気持ちにはなれない。「長年生まれ育った土地ですから惜しむ気持はあります。かといって、そこに未来はないです。子どもも戻らないでしょう」（2013.7）。

木村は、避難先の柏崎市で仕事を続け、なんとか地域に根づいていこうとしている。その一方で、故郷に対する思いはいまも強い。

　心残りはありますよ。ものすごくあります。PTA 会長をやってましたし、消防もよさこいの祭りにしても、すべてが中途半端ですよね。……仕事以外の活動が全部奪われちゃった。社会貢献の活動にしても、すべてが奪われてしまった。同時に、そばにいた友だちも一緒に奪われた感じですね。……私らも別にここに来たくて来たわけじゃないですから。タンポポの種みたいなものです。風に吹かれて着いたところがここ、みたいな感じですからね。(2013.7)

あとは死ねって言われてるのと一緒

木村は結局、柏崎市の郊外に土地を求め、自宅を建てることを選択した。その後、隣接して事務所・店舗も建てる予定である。新たな土地で、根を張って生きていこうと考えることにした。しかし、自宅を建てる前年の2015 年 6 月の聞き取りでは、仕事についての不安が強まっている様子がうかがえた。富岡時代と比べると、売り上げは 5 分の 1 くらいになってしまった。東電による営業補償の打ち切りもニュースになっている。

　補償を打ち切られたら生活できないですよ。あとは死ねって言われてるのと一緒です。収入がないんですから。いくら切り詰めたってもう無理。生活ができなくなっちゃうんです。むこうにいれば、双葉郡内であれば自分のお店の名前はかなり知れ渡ってましたけど、ここじゃ知らない人の方がほとんどです。知名度を上げるには何十年かかります。それだけの年月をかけた、お客さんの信用がある上での仕事ですから。(2015.6)

だからといって、富岡に戻ったとしても商売が成り立つ見込みはない。というのも、富岡は第一原発の廃炉に向けた最前線基地になっており、工事関

係者が住民の多くの部分を占める。主要な顧客だった趣味で手芸をする人や学校の生徒は、もう以前のようには戻らない。「双葉郡の人が全員戻って来ますよって言うんだったら戻りますけど、そんなのありえない」。にもかかわらず、避難指示が終了すれば、やがて賠償も終了するだろう。「結局私らはこのまま一生背負っていくのに、たったこれだけっていう感じです」。

富岡に対する思いは、いっそう複雑である。

　　富岡町に生まれて 48 年いましたからね。自分が生まれた故郷なので簡単に切ることはできないです。同級生や友だちもたくさんいますので、簡単に切れるというものでもない。割り切ってしまえば、こっちで生活するというのは正しい選択なんでしょうけど、やっぱり気持ちの奥底では富岡を捨てられないという部分もあります。思い出が詰まってますから。いままで自分がやってきた祭りにしろ、仕事にしろ。……
　　つながりをもっていたいという部分もあるし、もう思い切って切り離ししてもらった方がいいのかなとも思うけど。住民票もずっと向こうじゃないですか。なんだかすべてが中途半端なんですよね。中途半端のままで、どこまで行くんだろう。(2015.6)

自分らで切り開くしかない

木村は、2016 年に柏崎市内に自宅を建て、翌年その隣に事務所兼店舗もオープンした。2019 年の春までには富岡町に残してきた自宅や店舗も取り壊し、消防団も退団した。富岡町の大部分は 2017 年に避難指示が解除されたが、知り合いでそこに住む人はほとんどいない。富岡で仕事をしている友人も、いわき市などから通っている。「いまはどんどん変わりすぎてるので、なつかしいというのはもう薄れています。さびしいですよね。しょうがないです。こうなってほしいというのは特別ない」(2019.8)。

2019 年の夏の時点で、木村の長女は結婚して隣町で暮らし、次女は柏崎市内で就職、長男は市内の大学に通っている。子どもたちは成長し、それぞれ避難先に根を下ろしている。木村自身も、商工会理事や長男が通う大学後

援会の理事を引き受けている。また、ボランティアで小学生にミシンを教えたり、店舗やコミュニティセンターで手芸教室を開くなどの営業努力も続けている。新たにミシン修理にかかわる国家資格も取得した。

　富岡での仕事を失ったことに対する東京電力による営業補償は、5年ほど続いてほぼ終了してしまった。行政からも、福島県内で事業を再開するのであれば手厚い支援が得られるが、「県外に出た人間には、ひじょうに冷たい」。だから、避難先での仕事を自分で懸命にがんばるしかない。「見通しは、先は、そんなに明るくないと思います。地道に努力していくしかないです。そんなに明るい未来が待ってるわけではないので、自分らで切り開くしかないんです」(2019.8)。

　福島県の浜通りと新潟県では、人びとの気質や文化もずいぶん違うと感じている。木村からみると新潟の人はシャイな性格で、なかなか気軽に店に入って来てくれない。「こちらの風土とか歴史とかあって、(富岡と)同じものがこっちに来てできるかっていうと、まったくできるわけない」。手芸教室などを通じてなじみの客を増やし、店の売り上げにつなげていきたい。その結果、少しずつではあるが仕事が増えてきていることが、生活の張り合いになっている。

心のなかは穏やかではない

　木村は避難先に自宅と店舗を建て、それなりに地域に溶け込み、役職も担ってきた。「避難」というよりも、外見的には安定し、新たな土地で根を下ろした暮らしを営んでいるように見える。本人は、いまのありようを「納得」して受け入れているのだろうか。

　　いや、心のなかは穏やかではないですよ。順風満帆だったらば何も言うことはないですけど。どうなるかわからないというのもあるし。商売なんて波があるじゃないですか。ある程度の売り上げまでいかないといけないので。人間、収入が安定すれば、それだけでもだいぶ違うじゃないですか。やっぱり大変です。会社の浮き沈みで、つねに何か考えてな

いといけないので。……

　別にここの生活が嫌だっていうわけじゃない。生活するのに不便でも
ないし、レジャーを楽しむこともできる。太平洋側からだと行きづら
かったところに、いまは観光で行けるじゃないですか。金沢とか。大変
だけじゃなくて、そういう楽しみもあります。

　「朱に染まれば赤くなる」じゃないけど、だんだんここの土地に慣れ
てきたのかなっていう感じはしますけど。そういうふうにしていかな
きゃいけないんですよ。だから、高校だって PTA 会長までやりました。
土地のことを知るのには、そういうところに出ていくのが一番なので。
(2019.8)

　富岡の店について「将来こうしよう」と抱いていた夢は、原発事故と避難
によりすべて奪われてしまった。ほとんど縁もゆかりもなかった土地で、新
しい店と仕事をゼロからつくり上げなければならなくなった。これまで培っ
てきた木村の技術や社交的な性格は、その際にプラスにはたらいただろう。
しかし、一般の人を顧客とする自営業の場合は、それぞれの土地の文化風土
が商売とかかわってくるし、何よりも時間をかけて培ってきた知名度や信用
がものをいう。営業補償の終了もあって、仕事の見通しはけっして明るいも
のではなく、つねに不安を抱えたままである。

　新しい土地に自然に慣れたというより、「そういうふうにしていかなきゃ
いけない」と、地域の役職も引き受けながらなじむ努力を懸命に続けてきた。
子どもの成長を喜び、生活に楽しみを見いだしつつも、けっして「心のなか
は穏やかではない」。外側からうかがえることとは異なり、「納得」とはほど
遠い避難先での毎日が続いていく。

2-3　いまのところは目を背けている

　南雲佳子（仮名、30 代）は、福島市の自分の実家で、夫、3 人の子ども、
自分の両親とともに暮らしていた[4]。実家では父親が勤めをもちながら、家
族で農業も営んでいた。震災当時は、長女が小学校入学直前、長男が 2 歳、

次女はまだ0歳だった。

国の方で何かしてくれるはず

　原発事故の後は、しばらく福島市にとどまっていた。すぐに避難しなかったことを、あとで後悔することになる。

> 　最初のころはいろんな情報が錯綜していたので、どの情報が本当なのかすごく葛藤がありました。福島は駄目なんじゃないかとも考えたけど、国の方できっと何かしてくれるはずだ、集団避難とか考えてくれるんじゃないかと思っていた。期待しながらちょっと待っていて、入学式のあと、5月ぐらいまで子どもを歩いて登校させたりしていました。でも、全然なんの連絡もなかった……。(2013.2)

　結局ほとんどなんの対応もとられないことがわかり、5月下旬に3人の子どもを連れて、新潟県湯沢町のホテルに避難する[5]。同年8月から、借り上げ仮設住宅の制度を利用して新潟市内で母子での避難生活を始めた。
　縁もゆかりもない土地で小さな子ども3人を育てる生活は、経済的にも体力的にも大変だった。とりわけ悩ましいことは経済面での「生活の苦しさ」である。ほとんど賠償もないなかで、食費や交通費、ガソリン代など出費がかさむ。住宅支援には助けられているが、それも1年ごとの更新だから、先が見えない。「警戒区域からの避難と自主避難とでは、扱いの差が激しすぎると思います。子どもの年齢が上がるにつれて、かかるお金も増えてきて、すごく苦しい」。二重生活は、いろいろな意味で「限界を超えている」と感じる。ふつうの家族の暮らしを、すっかり失ってしまった。「時間を返してもらいたい、悔しい……」。
　時間がたつにつれて避難元との考え方の差も広がり、帰還をうながす声も聞こえてくる。避難指示区域外からのいわゆる自主避難者に対しては、周囲から冷ややかなまなざしが注がれることもある。そんな時は、「強制避難と同じように、正当で誰がみてもおかしくないような権利、みんなが認めて変

人扱いされないような権利」が必要だと思う。「安全」を押しつけるのではなく、「みんなが納得して選べる避難、避難の権利が欲しいです。人それぞれ考え方も違うと思うので、こういう考えも認めてもらいたい」。

　事故直後に、「年間 100 ミリシーベルトまでは大丈夫」とする専門家の意見を聞いて安心してしまった。それ以来、専門家の言うことは何も信じられない。子どもの健康を第一に考えて避難生活を続けている。

地に足をつけて生活している実感はない

　原発事故から 3 年半後に、南雲は地元に残った夫と離婚し、住民票も新潟市に移した。物理的な距離は、時間の経過にともなって心理的な距離につながる。「気持ちが離れてきている」ことを心配していたが、修復はできなかった。2017 年に中学生になる長女の進学先も新潟に決めた。最初は湯沢に数か月避難して戻るつもりだった。しかし数か月たっても福島の状況は何も変わっていなかったので、新潟市への避難を決めた。だが当時は、これほど長引くとは思っていなかった。

　　その時にもまだ、本当に 2 年で帰るものだと思っていた。2 年たてばさすがに大丈夫なんじゃないかって。いまの技術でなんとかなるのではないかという淡い期待があったので。でも、2 年たっても何も変わらない。むしろ安全だという基準だけが上がって、信用できなくなりました。日々の暮らしにいっぱい、いっぱいで、無我夢中でそのまま来てしまった。……5 年以上たったいまでも、避難しているという言葉のせいなのか、地に足をつけて生活しているという実感はないです。(2016.6)

　福島の両親は、親戚から「なんで避難を許すんだ、もう大丈夫だろ」「いつまで行かせてんだ」などと言われているようだ。しかし南雲は、末の子どもが高校を卒業するまで、少なくともこれから 10 年は新潟にとどまることを決意した。それでも、「移住」したのかと言われると、少し違う気もする。子どもを守るために「避難」してきたという思いが、自分のなかにまだ残っ

ている。「新潟にいられるだけいたい」と考えていても、先のことを「具体的に決定することへの不安」は続く。故郷に残してきた「家」（両親）への思いも強く、「あくまで一時的な避難である、自分は遅かれ早かれ福島には戻る」という避難当初の考えもまだある。「地に足をつけて生活」している実感がないまま、避難でも移住でもない新潟での生活が続く。

子どもにとっての「ふるさと」

区域外避難者を対象とした仮設住宅の無償提供は、2017年3月で終了した。経過措置として設けられた家賃補助制度も2年後の2019年3月で終わり、区域外避難者に対するほとんど唯一の支援策だった住居支援が終了した。住宅の提供・支援の終了は、区域外避難者の福島県への帰還をうながす意図をもっていたと思われるが、この意図に反して県外避難者の多くは避難先にとどまったままである。

南雲は、2017年の春に看護学校に入学し、2020年から新潟市内の病院に勤務する予定である。通学の間は母親が手伝いに来てくれた。また、小さな子どもがいる妹一家も近所に引っ越してきた。妹たちは避難者として登録はしていないが、「意識のなかでは放射能から逃れたいという思い」があったという。

2019年の夏に、あらためてこれまでのことを振り返ってもらった。まず、避難時にまだ幼かった子どもたちにとっての「ふるさと」について話してくれた。

　　うちの子たち3人とも新潟生活のほうが長いんですけど、圧倒的に。でも3人とも自分の実家というかふるさとというか、そこは福島だって言うんですよね。3人とも自分は福島出身だって。……たぶん新潟はさびしいとかつらいとか、最初の記憶にそういうところもきっと。私も最初は、1人での子育てというところで怒ってばっかりいたし。ほんとに自分もいっぱい、いっぱい。だから福島があったかくて、アパートじゃなくて一軒家なので何をしても注意されない。おじいちゃん、おば

あちゃんも優しいし。ここにはきっと家族があったというような思いが、記憶にはなくてもそういうことを想像してるのかなって。(2019.8)

　南雲の子どもたちが、あまり記憶にない「福島」のことを「ふるさと」として認識しているのは、新潟での避難生活が大変だったことの裏返しかもしれない。とりわけ子どもが小さかった最初のころは、母子ともに生活をまわしていくのに精一杯で、ストレスのたまる毎日だった。子どもの成長とともに、労力的な負担は多少は軽くなる。しかし、「最初は手はかかるけど、あとは子どもの年齢が進むにつれ、教育費はあまりにも大きい」。

自分のなかの空白期間
　南雲が看護師という安定した職業を目指してきたのは、教育費の負担に備えるためでもあった。それに加えて、目標が定まったことにより自分の意識も変わってきたという。

　　一年一年ちゃんと生きてきたなかで、その間は空白っていうか、何もしていない自分っていうような、つねに自分のなかで考えちゃうところがあったかもしれない。自分がこうしたいって決めてからは、何か自信がついたって思うけど。それまでの間は、自分のなかの空白期間だった。……見通しが立たないっていうのはほんと怖い。帰りたくない気持ちがあっても、帰ってきてほしいって言われたり、いろんな状況的に帰ったほうがいいのかなと思ったなかで、でも「帰りたくないから帰らない」ってはねのけるほどの理由だったり、気持ちだったりが足りなかった。(2019.8)

　子育てに追われ、見通しが立たない日々は、振り返ると「空白期間」だった。明確な目標をもつことで、その空白はある程度埋めることができる（あるいは空白だった過去をあらためて認識することができる）。それは同時に、帰還への圧力をはね返すための「理由」ともなった。専門資格の取得と就職は、

南雲にひとときの安定と自信をもたらしたといえる。

　周囲を見回しても、夫が新潟で仕事を見つけて同居を始めたり、マンションを購入するなどして新潟に根を下ろすことを決めた区域外避難者が多くなってきた。「期間限定であれ、ちゃんとある程度の先のことを見据えている方が多いと思います。でも、そうでもしないとほんと不安でしょうがない」。根を下ろすといっても、南雲からみれば「期間限定」で、とりあえず不安を解消するための判断にもみえる。とりあえず「空白」を埋めた南雲にとっても、その先の将来については不安や迷いがある。

　　友だちと話しても、やっぱり両親のことが話題になってきて。頼りにしてるだろうなっていう、プレッシャーではないんですけど。自分も老後を見るつもりは全然あるんです。そういうところを考えなきゃなって思いつつ、目を背けている状況で全然わからない。とりあえず、いまの子育てというところに集中、逃げてるって、そんな感じですかね。
　　(2019.8)

「とりあえず」の安定の一方で、将来に「目を背けている」自分のことも意識せざるをえない。だからこそ、そもそもなぜ自分たちがこうした苦労を強いられてきたのか、その原因が忘れ去られそうな現状には、危機感を覚える。「なかったことにして終わりそうな流れを感じる。なかったことにしてフェードアウトして、戻っていく。どんどん解除して、ここが解除したんだから、もう放射能とか何を言ってる、って状況になってきている。そうではなくて、補償なりをちゃんとして欲しいと思います」。

　原発事故の直後、南雲は、国から避難に関するなんらかの方針が示されることを期待していた。しかしそれがいっさいなかったため、結局自分の判断で、湯沢町、新潟市への避難を選択することになる。その後も除染は進まず、かといって「避難の権利」も認められない。一年更新とはいえ、唯一の支援策だった借り上げ仮設住宅の供与も打ち切られた。厳しい経済状態のなか、子育てに追われ、家族の形もこわされてしまった。南雲からみれば、帰還の

条件も避難継続の条件も整えられないまま、そのつどそのつどの判断を独力で下していくことが求められたのである。

2-4　賠償と支援制度

　原子力災害による損害の賠償については、原子力事業者が過失を問われることなく賠償責任を負うと定められている（原子力損害の賠償に関する法律）。しかし、こうした賠償の仕組みについては、さまざまな問題点が指摘されてきた。たとえば、加害者である東京電力が賠償基準を定め、その際ガイドラインであるはずの原賠審の指針が事実上賠償の上限として扱われている。また、この仕組みでは、国による避難指示等の区分によって賠償額に大きな格差が設けられており、それが被災者の分断を招く結果となってきた（平岡・除本 2015，ほか）。

　精神的損害への慰謝料や不動産・営業損害などへの賠償は、避難先での住宅の確保や生活の立て直しをうながす役割を果たしてきた。しかし、被害をあたえたことへの償いという本来の趣旨が理解されていないために、賠償を受けた避難者が肩身の狭い思いをしたり、偏見の目にさらされるといった事態が後を絶たない（前掲の事例 2-1）。また避難指示解除が賠償の終期と連動する形になっているため、避難を継続していても賠償は打ち切られる。商工業者に対する営業損害の賠償も、2015 年春にほぼ終了することになった（2-2）（高木 2017）。避難指示区域外からの避難者に対しては、きわめて少額の賠償しか支払われなかったために、避難先での暮らしの継続はまさに綱渡りである（2-3）。

　新潟県が 2017 年に県内への避難者（帰還者を含む）を対象として実施した調査（以下、新潟県調査）では、賠償制度全体に対する満足度について尋ねている（第 4 章も参照）。その結果、不満（やや不満＋とても不満）という回答は、全体で 66.1%、避難指示区域内で 59.4%、区域外で 72.0% だった（新潟県 2018）。区域外避難者の不満が高いのは当然として、区域内でもほぼ 6 割が不満を感じている。その理由としては、上述したような東電主導であることや賠償格差の存在などが考えられる。

　原発避難者に対しては、災害救助法にもとづいて応急仮設住宅が提供された。新潟県などへの県外避難者については、主として民間のアパートなどを借り上げた「みなし仮設住宅」が活用された。ただ災害救助法では、供与期間は原則2年まで、延長は1年ごと、とされている。そのため、区域外避難者を中心に「原発事故避難者らの住まいに関して『先の見えない不安』をもたらした」（二宮 2018）。

　原則として、一度入居すると住み替えが認められないといった制約もあり、家族構成の変化などに対応した暮らしが難しくなった。通常の自然災害を念頭に置いた災害救助法の運用では、原発事故による長期・広域避難への対応が難しかったということである。その上、区域外避難者に対するほとんど唯一の支援策だった仮設住宅提供は、2017年3月で終了した。それにより区域外避難者は、経済的にいっそう厳しい状況に追い込まれている（2-3）。避難指示区域からの避難者についても、指示解除後に一定の期間をおいて住宅提供は打ち切られることになった。

　新潟県では、区域外避難者に対する仮設住宅提供終了の発表を受けて避難者を対象とした意向調査を実施し、それをふまえて2016年5月には独自の支援策を公表した。すなわち、①県営住宅への入居支援、②公営住宅に移転する自主避難者への引越費用補助、③小・中学生がいる自主避難者への民間賃貸住宅の家賃支援[6]、④県内における就業支援、である。そのほかに、主に母子避難者の家族を対象とした高速バス料金・高速道路料金の支援や避難者交流拠点施設の開設も継続されている。とはいえ、全体として避難者を対象とした支援制度は縮小されており、県外避難を継続している避難者は、厳しい生活を余儀なくされている。

3.「語れないこと」と周囲のまなざし

3-1　いじめの経験と孤立

　高橋綾子（仮名、40代）は、避難先の新潟県内の自治体で、小学生の娘がひどいいじめを受けるというつらい経験をした[7]。高橋は、震災から1年以

上が過ぎた 2012 年の夏に、夫、当時小学校 3 年生と小学校入学前の娘二人
とともに、避難指示区域外の福島県中通りから自身の出身地でもある新潟県
内の自治体に避難した。避難前に娘が通う学校からは、マスク、長袖、長ズ
ボン、帽子を着用して登下校するようにという指示があり、「もうここには
住めないだろう」と感じていた。震災の影響で夫の勤務先の工場が閉鎖され
ることになり、解雇されたのを機に避難することにしたのである。

隠れるようにしていないと

　転校して 1 ヶ月足らずで、長女に対する学校でのいじめが始まった。「汚
れる、見るな、きもい、なまっている、裁判、やばいっていう言葉の暴力か
ら、娘から『逃げるごっこ』っていうのが始まって」。いじめは徐々にエス
カレートして、長女は自殺未遂にまで追い込まれてしまう。この事件の背景
には、加害者の保護者の問題や地域性があると高橋は考えている。

　　私が避難したのは新潟県でも閉鎖的なところで、たぶん村社会って言
　われるようなところだと思うんです。だから、よそ者をふだんからあま
　り受け入れない環境だった。これは偏見と差別だと思うんですけど、福
　島の避難者は賠償金をもらっているだろうということで、「高橋財閥」っ
　て親の私も保護者から言われる。税金を納めていないんだからって、ご
　みを出すことについても言われた。いまは、ごみ掃除の当番は回ってき
　てるし自治会費も払っているのにもかかわらず、ごみをもっていって焼
　却するところがあるじゃないですか、そこにもっていって捨てていまし
　た。
　　それでも、税金を使って生活しているって言われる。車が壊れても、
　修理をするとお金もってる人はいいねって言われるので、ぶつけたのも
　そのままにしてるとか、新しい車を買えないとか。本当にもう隠れるよ
　うにしていないと、何を言われるかわからない。(2018.7)

いじめを受けて傷ついた長女からは目が離せなくなり、外に働きに出るこ

ともできなくなった。そうすると今度は、「お金のある家は働かなくてもいいんだね」と周囲から言われてしまう。

　小学校低学年の子どもたちが、原発避難に関して多くの情報をもっているとは考えにくい。高橋は、「お金をいっぱいもらっている」という親の偏見が、子どもに反映していじめが始まると考えている。「大人の偏見がなくならない限り、子どものいじめは続くと思います」。町にいじめの被害を訴えても、なかなか有効に動いてもらえなかった。いじめを検証する第三者委員会を立ち上げるまでには、4年を要した。保護者たちのなかには、「いじめたのは悪いかもしれないけれど、何もそこまで言わなくても」という声が大きかったという。

　その一方で、夜に夫婦で謝りに来た保護者もいた。「私は高橋さんの言ってること、間違っていないと思います。でも、私たちはここに家を建ててしまいました。だから、表立って高橋さんの味方をすることができなくて謝りに来ましたって、そういう夫婦が2軒ありました」。だから、「一人ひとりは多分いい人なんだと思うけれども、長い物には巻かれろ、表立っては言えないっていう人の方が多い」と高橋は見ている。

自分の子どもは自分で守る

　こうしたつらい経験を繰り返したことにより、高橋は福島から避難してきたことは周囲に話さず、できるだけ隠すようになる。

　　いま、福島の放射能の話をするとまわりからのバッシングが大きいので、福島県民だっていうことを隠す。それは、私たちより子どもたちのほうが大きくて、通っている学校で福島からの避難者だっていうことを絶対口にしないです。うちの娘がいじめられた時に、死にたいって言った時に、「いろいろなものを我慢した。震災で転校した。これ以上何を我慢してがんばればいいの」って私に言ったことがあるんです。福島県民であることを一生隠していかなければならないんだっていうのが、震災当時よりさらに大きくなった。……

　福島の女の子はお嫁にもらえないんじゃないか、っていううわさが当時流れたんです。うちは娘なので、当時の福島の保護者の間では、結婚する前に現住所を移すんじゃなくて、戸籍を福島からどこかの県に移してあげないと駄目になるかもねっていう話がうわさとして流れた。それが新潟に来ていろいろな経験をしていくなかで、本当にそうしてあげないといけないなという気持ちが大きくなりました。(2018.7)

　避難する前に福島でささやかれたうわさに加えて、避難先の新潟で周囲の偏見や子どもに対するいじめを経験し、高橋の孤立感と絶望感は深まっていく。「避難して困ったことはあるか」と聞かれる機会もあるが、答えようもなく、答える気にもならない。

　「困ったことありますか」とか「大変なことはありますか」って言われると、ないです。それは、本当にないんではなくて、すべて自分たちでやっていかなければ駄目なんだっていうあきらめ。本当に悲しみ、怒り、絶望、あきらめっていう段階をふんできているので、もうとうの昔に怒りの気持ちはなくなった。誰かに助けを求める気持ちも失せた。誰も助けてくれない、自分たちの身は自分たちで守らなければいけないんだなっていう絶望感も味わった。だからいまは、誰かに頼るとか、何かを訴えるとか、何か困っていることって聞かれると、ないです。ふつうにご飯を食べて、夜が来たら寝て、朝が来たら起きて、支度をして学校に送り出して、その繰り返しで日々すごしている。目の前のことで精いっぱいっていう感じなので。……
　私自身は、こういう支援をして欲しいっていうのがまったくないんです。あまりにもいろいろなことがあって、いろいろなことを言われ続けて。してもらって、やってあげたって言われるのが嫌。それだったら、自力で生きていったほうがいい。自分の子どもは自分で守る。誰の手も借りないっていうふうになっているので。(2018.7)

　原発事故の被害者に、「自分たちの身は自分たちで守らなければいけない」と思わせてしまう社会であってはならない。しかし高橋の場合は、周囲が家族を追いつめ、すべての困難を背負わせてしまっている。

助けてって言えない声なき声

　その一方で高橋は、今回の経験の風化といじめの連鎖を防ぐために、自分のできることをしていこうと考えている。長女のいじめ事件の際に相談した弁護士の勧めもあり、新潟県への原発避難者による集団訴訟の原告団にも加わった。本人尋問にも立って、いじめの経験について証言した。それ以外の場面でも、求められれば自分の経験を話すようにしている。支援についても、自分自身は「自力で生きる」ことを決意しつつ、次のように語ってくれた。

　　　どこに何を相談しに行けばいいかわからないので、困っている家庭は多いんです。もう、明日食べるものに困っている避難者も多いんです。私は新潟が地元っていうことで、たぶん恵まれているんだと思います。食べるものがなければ、実家に行って、米をもってくればいいっていう感覚があるので。でも、本当に福島から出たことがない人が避難している場合は、そういう助けが受けられない。
　　　だから、わからないで一人で孤立している人を救う、ひろい上げてくれるような自治体とか、何かそういう環境があればいいと思います。一人で助けてって言うのは勇気がいることなので、それを引っ張る、助けてって言えない声なき声を引っ張るっていうのが、必要なんじゃないかな。(2018.7)

　高橋が経験したような閉鎖的で排他的な近隣関係、地域社会は、おそらく日本のいたるところにあるだろう。だから広域避難が生じた場合は、同様のことがいつでもどこでも起こりうる。まして今回の原発事故のように、賠償や放射能についての偏見や無理解が加わると、事態はいっそう深刻になる。たとえば避難者訴訟の本人尋問では、高橋以外の原告からも子どもへのいじ

めに関する話は頻繁に出てきたという。避難を強いられるだけでも大きな負担であり、重大な被害であるのに、避難先での周囲との関係が、さらにいっそう本人や子どもたちを追いつめてしまう。

3-2　福島県民であることを隠す

　福島県民であることを隠す、あるいは避難元の市町村名を隠すという話は、高橋だけでなく、他の広域避難者の語りのなかにもしばしば登場する。

　避難指示区域外から新潟市に自主避難した佐々木良子（仮名、60代）は、地元ナンバーの自分の車に落書きをされた[8]。避難してすぐのころに、何者かが「帰れ」「ここに置くな」と書いていったのである。そのため、「私たちは放射能をもって来たと思われたようで、びくびくしてほんとにひっそり暮らしていました。アパートの住人たちには、福島県から来たっていうことは口が裂けても言えない状況でした」。放射能に対する偏見を恐れて、福島から来たことを隠すようになった。

避難してきたとは言えない

　避難指示区域からの強制避難者は、「賠償」の問題が周囲のまなざしに強く影響していると感じる。浪江町から柏崎市に避難している菅野希実（仮名、40代）は、次のように語ってくれた[9]。

　　すごくさらけ出して、避難して来ましたとは言えないです。最初のころは言えましたけど、いまとなるとやっぱり根のところで「お金もらってるでしょ」っていうのがあるのかなと思うと、本音で話せないですし、濁しちゃうことっていうのはたくさんあります。（福島の）お友だちと地元の話をすると、いろんなことも話せるし、心から許せるのでなんでも話せます。だけど、ここにいると、自分は何か発しちゃいけないのかなっていう思いもあって、なるべくおとなしくしてる。……

　　お金の問題が報道で先回りしていくと、私たちの本質的な避難してきたっていうところを皆さんにわかってもらえてない。なんで地元を離れ

てここにいるのかっていうのもわかってもらえてないのに、だったら自
分から福島から来てますって言う必要性もなければ、聞かれてもちょっ
と濁しちゃう部分は、実際問題あるかなと思います。(2019.8)

　そもそもなぜ避難せざるをえなくなったのか、という根本のところが徐々
に意識されなくなると、賠償が被害に対する償いであることが忘れられてし
まう。そうすると、お金をもらってうらやましいというねたみや反発を抱く
人も現れうる。周囲の言葉やメディアで伝えられる情報からそう感じると、
できるだけ出身を隠すという行動が選択される。
　前節で取り上げた青木峻は、第一原発が立地していた双葉町からの避難な
ので、町の名前を出しにくいと感じている。

　　「福島のどこだっけ」って聞かれると、「ああ、海の方です」って言
　うんです、最近は。「双葉町です」とは言わないんです。……はっきり
　言うと、「いわきって知ってる？　ああ、そこそこ」ってうそついてま
　す。初めて会って出身地聞かれて、何か話する時に、「ハワイアンズと
　か知ってます？　あの辺です」って言うんです。俺、うそつきだなと思
　いながら話してるんですけど、なんかそれもストレスだしね。(2019.8)

　なんの落ち度もなく避難を強いられたにもかかわらず、自分が暮らしてき
た県や町について隠したりごまかしたりすることは、かなりのストレスにな
る。それは、自分の記憶やアイデンティティに蓋をすることにもなってしま
う。出身を隠すことにとどまらず、福島からの避難者は、さまざまな場面で
自分たちに枠をはめ、のびのびと周囲とかかわったり話したりできないとい
う経験をしている。

心のなかの晴れない思い
　南相馬市原町区から新潟市に避難した鈴木一仁・めぐみ夫妻（仮名、とも
に70代）は、約2年半の避難生活を経て、いったんは原町区の自宅に戻っ

た¹⁰。しかし持病もあり、二人暮らしは心許なくなる。そこで2015年に自宅を売り、宮城県の沿岸部で長女夫婦と同居する選択をした。そこは東日本大震災の際に津波で大きな被害を受けたところで、それもあって結束力の強い地域である。

　鈴木夫妻は、新しい土地になじむために、卓球や麻雀、習字などの趣味を生かして積極的に周囲とかかわろうとしてきた。そうした努力の甲斐もあって、すぐに知り合いをつくることもできた。しかし時折、原発事故の賠償のことが話題になることもある。「たくさんもらったんでしょう」とか、娘に対しても「働く必要があるの?」と言われる。だから福島から来たことは、口に出しにくい。青木と同じように、少なくとも元の住所のことは明言しないようにしている。

　　私は南相馬って言わないんです。原町区なんですって。原町ってどこでしたっけ、と聞かれると、ずっとこっち(宮城)寄りよと。なんかうやむやに話をそらしてしまう。(鈴木めぐみ, 2019.9)
　　むこうにいれば友だちがたくさんいた。ここは、あまりに被害が大きかった地域なので、われわれはかすり傷のような立場で愚痴は言えない。いまはあきらめて、こんなもんだと思っているけども、実際は複雑……。たとえばマージャンなんかやっても、南相馬の方では自由に振る舞えた。こちらだとやっぱり、いろんなことをやったり考えたりするのは遠慮しがちになる。(鈴木一仁, 2019.9)

　南相馬では、長年仕事をして自宅を建て、庭では木や花を育てて慈しんできた。人間関係を大切にして、これからの夢もあった。「70ぐらいになったらこうして、75ぐらいになったらこうしてって、ある程度シミュレーションしてたんですよね。それがなんでこんなになっちゃったんだろう」。のびのびと暮らしてきた大好きな地元のことを、はっきり口に出すこともはばかられる。いまでも信じられない思いを抱き、避難先の風景に違和感を覚えながら暮らしている。

「家族の歴史」が失われる

　東京出身の大賀あや子（40代）は、大熊町に移り住んで有機農業に携わってきた[11]。何年もかかって無我夢中で地域になじむための努力をしてきたが、原発事故のために新潟に避難せざるをえなくなる。いまは新潟県下越地方の町で、また新たに有機農業に取り組んでいる。大賀はそのかたわら、さまざまな場面で、避難者を支援する活動や被害当事者として「語る」活動にも取り組んできた。そのなかで、周囲の避難者・被災者から話を聞く機会も多い。とくに、出身地、避難元を隠すことが本人にどう影響するか、話してもらった。

　　避難元を隠す。大熊からいわきへの避難でもそうですけど、新潟でもそういう人がいるみたいです。避難先で、あるいは帰還した時に、たんなる転勤で引っ越してきたかのような顔をして。打ち明けられる人がいるかもしれないけど、それ以外にはすべて隠すことは、精神的ストレスをつねにかけてるわけです。被害そのものを隠す、そういうことですよね。加害者はテレビCMまでやってるのに。まったく理不尽だって思うし、メンタルヘルスとして非常によくない影響があるだろうということ。そういうふうにしながら生きてる人同士のコミュニケーション力も低下させてますよね。ほんとうに計り知れないなって思います。(2018.8)

　被害者であるにもかかわらず、何か自分に落ち度でもあったかのように自分の地元を隠す、隠さざるをえない状況がつくられるというのは、どこから見てもきわめて理不尽な話である。さらに、自分の避難元を隠して生活することは、本人の精神的な回復を遅らせるだけでなく、「家族の歴史」が失われることになるかもしれない、と大賀は言う。

　　お子さんに「こうだったんだよ」とか、そういう体験もたぶん語らないわけですよね。伝わっていかない。子どもがある程度覚えてることを、親と話しながら認識していくことがあると思うし。避難を隠していない

方だと、お子さんが成長に合わせて認識して理解し、ときには感じる、本人も語る、とかいろんなことがあるんだけど、そういうものも断絶してしまう。ご家族のそういう歴史、そういう経験の一部が「語るべきでないもの」になるって、そんなに簡単なことじゃないですね。深く考えれば考えるほど…（2018.8）

　私はこれまでに多くの福島の方から話を聞いてきたが、少なくとも原発事故前の福島について、悪く言う人に会ったことがない。自分が長く暮らした場所を肯定することは、自分を肯定することに結びつくだろう。逆に、自分の地元を語れないこと、誇れないことは、自分を傷つけることにつながるかもしれない。また、避難経験を子どもに伝えないことによって「家族の歴史」が断絶してしまう。こうして、時間の経過とともに新たな被害がつけ加わっていく。

3-3　つらさを誰にも話せない

　富岡町から柏崎市に避難した堀大輔（仮名、80代）・祥子（仮名、70代）夫妻も、避難先で言いたいことを話せないという思いを抱えてきた[12]。夫妻は、富岡町でクリーニング店を営むとともに、それぞれ町議会議員や商工会の役員などを務め、町の名士として活動してきた。避難先でも、持ち前の社交性とリーダーシップを発揮して、避難者グループの代表を務めるとともに、地域にも溶け込んでいた。

気力がだんだん薄れてきた

　富岡の自宅があった場所は居住制限区域に指定され、当面戻ることは難しい。いずれは富岡に帰って、クリーニング店を再開することが目標だった。しかし、ある程度の人口が戻らなければ、商売を成り立たせることは難しい。祥子は、とくに和服を中心に扱い、努力を重ねて業者にも指導できる「匠」の資格も取っていた。

　　5 年も 10 年も仕事から退いちゃうと、手の感覚が働かなくなる。薬
　品も一ヵ月後にはもう別の薬品が出てる。ずっと続けていたかったか
　なって、いまでも思います。夢をもたないと暮らせないかもしれないけ
　ど、その夢が突然カーテンを下ろされたように、もう見えなくなったの
　は、とてもつらいことですね。(堀祥子, 2013.7)

　自分たちの年齢を考えると、クリーニング店の再開は時間との闘いになる。
しかし一向に先が見えないなかで、徐々に仕事の技術に関する自信も薄れて
くる。

　　　あれから 5 年経つと、いろいろお勉強している人たちにはすっかり抜
　かれているわけです。まあやりだせば元に戻る方法はあるのかもしれな
　いけど、やってみたいっていう気力がだんだん薄れてきたみたい。いま
　までは、まだできるっていう希望はあったんですよ。だけど、だんだん
　と気力がなくなってしまった。……年をとるっていうのは情けないこと
　だけど、こんなに体力も気力もなくなるのかなって。(堀祥子, 2015.6)

　堀夫妻は、2014 年春にいわき市に中古住宅を購入した。新潟で専門医に
かかっているため、当面の生活は柏崎といわきで半々である。いわき市に
は、事故の後、原発周辺の町村から多くの住民が避難した。急激な人口増に
よる混雑や避難者が得ている賠償金に対する複雑な感情もあって、市民の避
難者に対するまなざしには冷ややかなものがあると言われている。堀夫妻も、
引っ越しの挨拶をした時に、隣人から「おつきあいはいいです、来なくてい
いですから」と言われてショックを受けた。「事故にあって避難しているの
に、『あなたたちは恵まれている』という態度が感じられます」。
　柏崎と行ったり来たりの生活だったこともあって、町内会にもまだ入らな
いでくれと言われた。それで困ったのは、ゴミを出せなかったことだ。「ゴ
ミは新潟に行く時に持ち帰ってくれって。それが一番困りましたね。瓶とか
缶とか持ち帰れるものは持ち帰ってきたんですけど、生ゴミはどうしようも

ないですよね。穴掘って埋めてみたり、色々してみましたけど」。1 年後に町内会への加入が認められ、ようやくゴミも出せるようになった。

聞いてくれる人がいない

堀夫妻は、富岡町で人望の厚い名士として安定した暮らしを営んできた。それが原発事故により、仕事も家も人間関係も将来の夢もすべて失ってしまった。新たに生活の場を築こうとしているいわき市でも、近隣関係に苦労している。生活を新たに一からやり直すことは、若い人でも大変なことである。日々みずからの老いと向き合う年配者にとっては、なおさらであろう。長期化する避難生活のなかで、徐々に再生への希望が失われていく。

> うちらはね、避難民じゃないですよ。地に足がついていないんだから難民です。これは国の虐待だと思います。虐待したら罪になるんだよ。難民だったら救済しなきゃなんないのに、集まるところもつくらない。復興住宅だってくじ引きですからね。ようやくくじにあたって、復興住宅に入られたんだよって喜んで、入って隣同士がまたわからない。仮設に戻りたいって言う人がいますよ。それが現実です。また一からやり直しなんだよ。(堀大輔, 2015.6)

堀夫妻は、柏崎市郊外にある避難先の地域については、一貫してよい印象を語ってくれた。地区の住民たちは、遠方から苦労の末に避難してきた夫妻を暖かく迎え入れ、食料や食器、洋服、毛布などを提供してくれた。もともと交流の盛んな土地柄で、夫妻も体操やコーラス、そば打ち、グラウンドゴルフ、お茶会などの活動に加わり、毎日のように予定がある。いわきに自宅を求めてからも、「いまはここを去りがたいです。だからいわきに行っても、こっちがすぐに懐かしくなって、『帰んなきゃなんねえ』っていう感じになってしまう」と話してくれた。

堀夫妻にとって柏崎は、「本当に声を出して笑えるような地域になった」。しかし、2019 年のインタビューでは、避難先に溶け込んでなごやかに暮ら

している印象とは、やや異なった話を聞くことができた。じつは、自分たちのことがまわりから理解されていないという感じも抱いてきたのである。

　　経験した人でないとわからない。口で言ったって、本当にわかんないと思う。なんだろうね、表で笑っていても、さびしくなって裏ではね、やっぱり。くどくこともできないでしょ。人のくどきは聞くんだけど、自分ではくどけないですよ。こんなことあったとか、あんなことあったとか。何を言っても、わかってもらおうとも思わないけど、聞いてくれる人がいないっていうか。……

　　信頼してくれるのかわからないけどね、それで話は聞いてあげられるんだけど。自分は苦しいこともあるわけですよ。それを誰にも話せない。苦しい時もありますよね。そういうのって誰かに話したら楽なんじゃないかな、とか思うこともあるのに話せない。話しても結局は救われるわけでもないわけですよね。愚痴みたいになったんでは申し訳ないって思うし。だからどうしても、自分のことは話せなかったですね。(堀祥子,2019.9)

うちの息子は危険なところに

避難元はもちろん避難先の柏崎でも、周囲から信頼されて安定した人間関係を築いてきたようにみえる堀夫妻でさえ、あらためて尋ねてみると、胸の内では「話せない」苦しさを抱えていた。自分のつらさを「誰にも話せない」のは、じつは「聞いてくれる人がいない」からでもある。彼らは、表面からはうかがい知れないような「孤立」のなかにいた。さらに、近所の女性から、次のような厳しい話をされた経験も語ってくれた。

　　すぐそこのおばさんなんですけど、集まりがあって、私ら隣へ座ったんですね。そしたら一生懸命なんか悪口言うんですよ。「あんたたちは危険を感じてこっちに来ているんだろう。それで安全な場所に来て、のうのうとそうやってお金をもらって暮らしているから、そんないい顔し

て笑っていられるんだろう」と。そういう目で見てる人もいるわけです
よね。直接言われたんですから、私。私どもも、「そういうふうに言わ
れればそうかもしれないけど、やっぱり痛めながら来たんですよ。皆さ
んにお世話になって申し訳ないと思っています、長い間」って言った
ら、「うちの息子は危険なところに行って働いているんだ。あんたたち
のお陰で」って言うんですよ。東電（福島第一原発）に行ってるんでしょ、
きっと。柏崎から出張か何かで。心配なんでしょうね、親とすれば。(堀
祥子，2019.9)

　堀夫妻は、原発事故から避難する際に福島県内の避難所を転々として、新
潟県にたどり着いた。娘の嫁ぎ先でもある柏崎に落ち着くまで、二人とも
10 キロ以上体重を減らしたという。避難により、長い時間をかけて富岡で
築いてきた人間関係や仕事上の夢もすべて失った。帰還するために新居を求
めたいわき市でも、近所との関係でつらい思いをしている。そういう「痛
み」を抱えて避難していることは、自分からはあえて話さず、なかなか周囲
から理解されない。場合によっては、面と向かって「のうのうとそうやって
お金をもらって暮らしている」とまで言われてしまう。
　しかし、こうした言葉をぶつけてきた女性も、おそらくは息子が原発事故
収束の作業に従事しており、その身の危険を心配している。原発が立地する
柏崎で、事故から避難してきた人、事故の現場に家族を送り出す人の思いが
複雑に交錯している。

3-4　避難者への偏見と「いじめ」

　新潟県を例にとると、原発事故直後は福島県からの避難者を地域の人びと
があたたかく迎え入れる事例が目立った。新潟県中越地震（2004 年）や中越
沖地震（2007 年）で全国から支援された記憶も生々しかったので、「ここで
恩返し」という意識が強くはたらいたのである。県や自治体も経験を生かし
て組織的に支援にあたった。本章で取り上げた対象者からも、親切にされた、
支援がありがたかったという声を耳にすることが多かった。

　しかし同時に、無知と偏見による差別的な言動も当初からあったようである。とくに放射能に対する恐怖心から、車に「帰れ」という落書きをされたという話もあった（事例3-2）。こうした「放射能がうつる」といった反応は、時間とともに落ち着いていった。だがその後、東京電力による賠償について報道されるようになってくると、今度はこの賠償をめぐる偏見や誤解が避難先で渦巻くことになる。一定の賠償を受け取ることができた区域内避難者のみでなく、ほぼ賠償を受けなかった区域外避難者も誤解にもとづく言葉を投げかけられるようになる（3-1）。

　ここまでみてきたように、多くの避難者は、賠償をめぐる周囲のまなざしの変化を感じ取り、福島からの避難者であることや自分の出身地を隠す、被害を語らないなどの対応を強いられていった。それは、避難者の尊厳を傷つけ、被害からの回復を遅らせた。むしろ、新たに深刻な被害を生み出したと言ってもいいだろう。

　こうした避難者に対する偏見や差別は、学校を舞台とした子どもへのいじめ事件につながることもある。避難者へのいじめが社会問題化したのは、2016年だった。横浜市で区域外避難の中学生が金銭を強要された事件や、新潟市へ区域外避難していた小学生が「菌」をつけて呼ばれ、不登校になったできごとなどが新聞等で相次いで報道された。しかし、いじめそのものは避難当初から数多く存在していたと考えられる。本章の高橋の事例でも、いじめが始まったのは、転校直後の2012年のことだった（3-1）。

　辻内琢也は、2017年に「いじめ問題」を含む避難者調査を実施している（辻内2018）。その結果、回答者782名中「大人社会でも、原発避難に関連することで、心ない言葉をかけられたり、精神的な苦痛を感じることをされたりしたことはありますか」という問いには、359名（45.9％）が「はい」と答え、「いじめはどのようなことと関係があると思いますか」という問いには、そのうち82.5％が「賠償金に関すること」と回答している。

　こうした回答や自由記述の分析をふまえて、辻内は「原発いじめの構造」を次のように整理している。「『子どもの原発避難いじめ』の背景には『大人の原発避難いじめ』が存在し、そのもとには『原発・福島に対する無理解・

偏見・差別』が存在する。そして、そのような無理解・偏見・差別の基底に、社会の格差・差別・不平等・不正義を生み出す『構造的暴力』が存在すると考えられるのである」(辻内 2018: 39-40)。

　高橋が話してくれたように、「原発避難いじめ」の場合は、賠償をめぐる大人の誤解と偏見が子どもによるいじめの大きな原因となっている。高橋自身がまさに、まわりの保護者たちから「心ない言葉」を投げつけられてきた。その基盤にはさらに辻内のいう「構造的暴力」が存在していると考えられる。

4. 帰還をめぐって

4-1　帰還という判断

　2017 年 3 月末で区域外避難者に対する借り上げ仮設住宅の無償提供が終了し、同時期に福島県では帰還困難区域を除く大部分で避難指示が解除された。県外への避難者に対しては、福島県への帰還をうながす強力なメッセージが発せられたことになる。私が話を聞かせてもらってきた避難者も、避難先にとどまるか、あるいは福島県に帰還するかの選択をあらためて迫られることになった[13]。

子どもの健康が一番です

　福島市から新潟市に母子避難した加藤香奈（仮名、40 代）は、およそ 9 年にわたる避難生活を終えて、2020 年 3 月に福島市に帰還することにした[14]。避難当時小学校 1 年生だった長女が高校に入学するタイミングで福島への帰還を決意したのである。ここに至るまでは、繰り返し選択を迫られ、つねに迷い、悩んできた。

　原発事故の前、加藤は会社員の夫、長女と 3 人暮らしだった。2011 年 5 月から母子避難を受け入れた新潟県湯沢町のホテルに滞在し、同年 8 月に新潟市内の借り上げ仮設住宅に入居して、避難生活を続けてきた。福島を離れることは大きな決断だったが、子どもの将来の健康被害を考えて避難を決めた。夫もこの判断を後押ししてくれた。避難により、家族で一緒に過ごせる

はずの時間や福島に残る友人とのつきあいを失ってきた。

　2013 年のインタビューでは、今後もできるだけ新潟での生活を続けたいが、経済的な負担に耐えられるかどうかが一番の問題だと話してくれた。借り上げ仮設住宅以外の支援や賠償がほとんどないなかで、現在の二重生活をどこまで維持できるか不安はつのる。車を運転して福島と新潟の間を往復する夫の身体的負担も重い。だが、子どものことを第一に考えた自分の選択を信じたい。

　　人によって優先すべき問題は違うと思うんだけど、子どもは親について行くしかないわけです。やっぱり安全だという話よりは、危ないという話の方を信じた方が、いいと思う。それで何十年後にどうなるかは、誰もわからないこと。子どもの健康が一番です。(2013.2)

だんだんに忘れ去られていく

　2016 年に話を聞いた時は、翌年 3 月に借り上げ仮設住宅制度の終了と長女の中学進学が迫っていた。避難先としての新潟については、食べ物や自然環境など気に入って暮らしてきた。「ふつうの家族の生活」は奪われてしまったが、夫は新潟に通ってくれて助かっている。しかし住宅提供の終了が決まり、避難生活を継続するハードルが上がってしまった。長女の中学校進学を機に帰還するか、それとも避難を継続するかについては、この時点ではまだ決めていない。高齢になってきた自分の父母が病気がちだったことも心配だ。「気持ちの上ではこっちにいたいんですけど、まだ検討中です」。

　福島に帰省するたびに、生活環境への不安がつのる。「むこうに行って、歯磨きやお風呂に入る時に、この水は大丈夫かとか思う自分もすごく嫌でした。帰ってきたらずっとこの環境で生活しなければならないんだなと思うと、それに慣れるのかなって。そう考えると、すごくつらい。きっと苦しくて息がつまると思います」。実家の駐車場には印がついていて、その下に除染で出た放射性廃棄物が埋められている。

　その一方で、こうやって悩んでいる自分たちの存在自体が忘れ去られつつ

あることに、焦りも感じる。

　　熊本でも地震が起きましたけど、次々に大きな災害が起こると、だん
　だんに忘れ去られていくんだなって感じます。当事者になってみないと
　わからないんだなっていうのが、すごくわかる。遠いところの話だった
　ら、自分でも対岸の火事で気にしなかったんじゃないかと思うんですよ
　ね。(2016.6)

　家族の健康が維持できるかどうか、とくに住宅支援が打ち切られた後の経
済的な負担に耐えられるか、子どもの進学のこと ―― 避難生活はさまざまな
条件に左右される。避難生活の継続も〈綱渡り〉だが、福島に戻って暮らす
ことを考えると不安がつのる。その一方で社会全体では、避難者の迷いを置
き去りにしたまま「風化」が進んでいく。

環境的には戻りたくないんですけど

　加藤は、2017 年春のタイミングでの帰還は見送り、新潟での避難を継続
することにした。しかし、2019 年のインタビューで、翌年 3 月に帰還する
ことに決めたと話してくれた。
　今回帰還を決断したのには、いくつかの理由があった。もっとも大きかっ
たのは経済的な理由である。借り上げ仮設住宅の無償提供も、その後の経過
措置として設けられた家賃支援も終了し、経済的な苦しさも増してきた。自
分の体調のことも気になった。動悸がひどくなり病院に通ったが、結局原因
がわからないままだった。そういう時に、長女と二人暮らしだととても不安
になる。
　さらに、病気で療養していた自分の父親を亡くすというできごとが重なっ
た。連絡を受けて福島に向かったが、看取ることができなかった。「母の時
にそうなりたくないなとか、あと年取ってきてるのでなんとなく帰ってそば
にいたい気持ちもだんだん強くなってきて。……環境的には戻りたくないん
ですけど、帰ったほうが精神は安定するような気もします。母には早く帰っ

てきて欲しいって言われていたので」。

　こうした理由から帰ることに決めて、自分の気持ちの変化も感じられる。

　　　帰るって決めたことによって、なんとなくどっしりしたというか、そ
　　ういうのは自分のなかでもあります。安心かどうかは、ちょっといろん
　　な面で難しいんですけど、宙ぶらりんな感じはなくなったかな。……
　　（でも）帰ったら私、買い物とかどうするのかなって思うんですよね。
　　そのうち気にしないで食べるのかな。(2019.8)

帰還することにして「安定」が得られた部分と、けっして「安心」はでき
ない部分と両方がある。自分のなかに残る迷いを振り切り、決心を鈍らせな
いために、周囲の友人などにはできるだけ帰ることを話すようにした。「言っ
ておけば、そこに向かうしかないかな」という気持ちである。自分にも言い
聞かせるように帰還を口にするが、不安はつきない。

　　　もう、帰ると「なかったこと」になってるし、みんなふつうにしてる
　　し。あまりにもふつうすぎて……。原発もまだ、だだ漏れじゃないです
　　か。早くあれを止めてもらいたいです、ほんとに。やっぱり安心はいつ
　　になってもできない。どうなるのかな。地震が来るたびに大丈夫かなと
　　思うんで。(2019.8)

「安全神話」のもとに「ふつう」の暮らしを営む人びとのなかで、自分は
本当にやっていけるのか。住宅支援の終了と自分や家族の健康問題を考えて
帰還を決意したけれども、それで不安が解消したわけではない。福島に帰っ
てからの生活を思うと、「安心」は遠い。

先々のことまで考えすぎても仕方ない

　須賀明（仮名、80 代）・奈緒子（仮名、70 代）夫妻は、南相馬市原町区から
3 年半ほど新潟市に避難し、2014 年 10 月に元の住所に帰還した[15]。東京で

長年会社員生活を送っていたが、「田舎のゆっくりしたとこに住みたいなと思って」赴任経験のあった原町区に自宅を求め、定年を待って転居したのである。転居して約1年後、「ここでずっと暮らそう、地域に根づいてと思っていた矢先」に震災が起こった。

　原発事故により、原町区の大部分には屋内待避指示が発令され、バスによる集団避難も始まった。須賀夫妻は近所の人とともに自家用車で飯舘村に避難し、その後、明の弟の住む新潟市に向かった。新潟県は明の出身地でもある。弟の家と県営住宅を経て、2011年の9月から借り上げ仮設住宅制度により民間のアパートに移った。夫妻とも、歌や卓球という趣味を生かして新潟市民と交流する機会も多かったという。こうしたつきあいで得た友人が、帰還後に福島を訪れることもある。また、原発避難者の交流会である「浜通り会」にも積極的に参加してきた。奈緒子は「浜通り会」の効用を次のように話してくれた。

　　放射能への恐怖、憤り、そういうことを話し合える、発散できるのが、とてもありがたいと思いました。同じような体験をしない人には、誰に言ってもわかってもらえない。「浜通りの会」の人たちは、地震の怖さもさることながら、あわせて放射能の怖さのお話、おたがいの気持ちがよくわかっているので、その後の心の平静を保っていられる。……
　　戻れない人たちも大変だけれども、「戻ってもいいよ」って言われて、「微量だからいいよ」って言われた時の、「それで本当にいいのか」っていう不安。みんなおたがいに話し合ってましたね。この憤りをおたがいに発散して言えるという集まりは、やっぱり必要だったと思うのね。あれがなかったら、もう鬱々した気持ちが内側に入っていたと思うんですね。
　　避難して1年半ぐらいは、思い出すとものすごく不安でした。放射能の後遺症的なものが、どう出てくるかわからない。そういうところに自分は本当に戻れるのかしら、戻れる状態になるのかっていう。私のほうが結構心配性だったもので、夜眠れなくなるんですね。急に泣きたく

なったりして。(須賀奈緒子，2019.9)

　こうした不安もあって、避難して2年半から3年目くらいの時に新潟でも家を探したが、なかなか条件にあうところがなかった。ちょうどそのころに、「浜通り会」のメンバーでも帰還する人が増え、原町区の隣近所でも戻る人が出てきた。自宅周辺ではようやく除染が始まることになり、「除染する時には家にいたほうがよい」という話も聞こえてきた。それで帰還する踏ん切りもついたのである。あらためて、「いま現在の状況をあるていど納得して受け入れているのか」と問いかけてみた。

　　そうしていかないと暮らせないので。年齢がいってるので、先々のことまではあまり考えすぎても仕方がないという気持ちはありますよね。「30年後に出てくるのよ」って言う人もいますけども、放射能の影響が。でも30年後っていったら、もう私たちはうんと高齢だし仕方がないんじゃないかと。戻って来る時も、そう思って戻って来たってところがありますから。(須賀奈緒子，2019.9)

　東京の友人からは「もうなんでもないんでしょう」と言われるが、自分たちはけっして「大丈夫」と思っているわけではない。もう高齢なんだからと自分に言い聞かせるようにして、帰還を選択した。この選択を、ある程度は「納得」している。なぜなら、「そうしていかないと暮らせない」から。

復興公営住宅への帰還

　みずからも楢葉町からの避難者である栗原浩（仮名、60代）は、新潟市で避難者の支援を続けてきた[16]。避難所では避難者同士の交流の場を立ち上げ、また新潟市の臨時職員（見守り相談員）として訪問支援にも携わってきた。こうした活動を通じて、区域内避難者（強制避難者）、区域外避難者（自主避難者）の双方とつながりができた。とりわけ栗原は、区域内避難者に多い高齢者、区域外に多い母子避難者のことを心配し、彼らへの配慮を心がけ

てきた。

　すでに福島県内に帰還した避難者も多いが、いまも避難元に避難指示が継続している地域は、自宅に戻ることはできない。その場合は、いわき市や中通りなどに建てられた復興公営住宅に入居することを選ぶ帰還者もいる。そうした人からは、新潟に避難していた時よりも、かえってさびしくなったという話も聞こえてくる。

　　　むこうに帰っても、また新たな人づきあいを始めるのが、高齢になると大変なんですよね。同じ町内とか組内で集まってるわけではありません。地域が違う人も復興住宅に入ってますので、なかなかわかんないですよね。だからある部分では都会と同じような感じになって、つきあいがなくなっちゃってる。帰った人のなかから、なんにも集まりがなくなっちゃってさびしいなんて話は聞きます。(2018.5)

　この場合は、帰還といっても故郷の町に帰るわけではない。地方都市のマンション的な仕様の復興公営住宅で、孤立気味の生活を送る帰還者もいる。その一方で、避難を続ける自主避難者の悩みも深いという。「10 年近くになる避難生活、みんなそれぞれに悲しさを抱えながら」子どものためを思って避難先でがんばってきた。遠方での避難が長期間にわたったために、夫婦や家族、地域の人間関係が難しくなってしまったケースもある。そうなると、子どもが巣立ったからといって、「いまから福島に戻って、うまくやっていけるかっていう悩みがある」のだ。いずれの場合でも、帰還がすべての問題の解決につながる「魔法の杖」でないことは確かである。

4-2　帰還へのためらい

原発のせいで帰れない状態

　前節でも言及した佐々木良子（仮名、60 代）は、夫と二人で避難指示区域外から新潟市に避難した[17]。借り上げ仮設住宅の無償提供終了を機に、夫は代々続いてきた「家」を守るために地元に戻ったが、本人は新潟に残るこ

とを選んだ。もっとも大きな理由は、放射能に対する不安である。

福島に帰ると頭痛や吐き気がして、救急車で運ばれたこともあった。その際に検査をしたところ、甲状腺にしこりがあることがわかった。それが悪性化することも心配である。福島にいるとどうしても放射能のことを考えて、強いストレスを感じてしまう。新潟に戻りたくなる。事故を起こした原発の廃炉作業が完了するまでには、まだ途方もない時間がかかる。汚染水の問題も未解決で、何があるかわからない。そう考えると、自分が戻ったとしても、まだ幼い孫たちを福島に呼び寄せることもできない。

避難が長期化するなかで、地元の近隣住民とは考え方の違いが目立ってきた。隣近所の人びとは「放射能はすっかりないよ」と言って、地元の畑でとれた野菜などを測定もせずに平気で食べている。「地元の人との温度差をすごく感じます」。佐々木は、福島に帰るか帰らないかゆれていて、福島に対する複雑な思いを抱えたままである。自分の車のナンバーもそのままだし、住民票も移動していない。「スマホに福島民報のニュースが入ってきて、それを夢中になって見てる自分がいるんです」。その一方で、時々新潟に来る夫が福島の話をすると「いやになる」。福島を嫌いになってしまった自分を感じる。

　　複雑なんですよね。だから、どうしていいかわからないんです。でも、お墓があって守らなきゃなんないっていうような、封建的な考えもまだ私のなかにはあるんです。そういう、代々家を支えて、義理の父からも「お前がんばってな」って亡くなる少し前に言われて、私がんばらなくちゃ駄目なんだなっていう思いがあるでしょう。だから、放射能っていうか原発がなかったら、ずっと守っていたのに。原発のせいで帰れない状態。問題が出てきてしまって、自分ではどうしようもないとこまできてますね。(2019.9)

佐々木は、もともと地方都市の街なかの出身だったが、そこから自然の多いところに嫁いで、いいところに来たとよろこんでいた。しかしその場所が

放射能に汚染されてしまったと思うと、すっかり嫌になってしまう。だからといって、単純に割り切れるわけでもない。自分の将来についても、前向きになったり、後ろ向きになったりという振幅のなかにある。

　　ゆとりがある時には前向き一本でいけますけど、ゆとりがなくなるとそういうことも言っていられなくなります。やっぱり後ろを見て後悔もします。どうにもならない、どうしていくんだろうっていう不安が覆いかぶさってくるから、前向きが半減します。明るい未来が待っているんだったら、たとえば損害賠償とか、あとは福島が帰られる安全圏になったとか。そういう明るい未来が待ってるんだったら、少しは元気が出ますけど……。(2019.9)

みんな散り散りばらばらに
　新潟市で避難生活を続ける阿部有佳（仮名、60代）の自宅は、富岡町の夜ノ森地区にあった[18]。2020年現在も帰還困難区域のままであり、元の住所に帰還する見込みはまったく立たない。阿部の夫は事故当時原発関係の仕事をしており、本人は専業主婦だった。夫・長男とともに避難場所を転々として、最終的に夫の実家がある新潟市に向かった。夫の実家、借り上げ住宅を経て、現在は3年ほど前に新潟市内に買い求めた中古のマンションで暮らしている。「まわりは知らない人ばかり」なので、避難者の集まり（「浜通り会」）に顔を出すととても癒やされる。
　阿部の出身地である楢葉町には自分の兄弟がいて、いざというときは協力し合えると安心していた。しかし、その兄弟も事故の後は県外に避難して、「みんなばらばらになってしまった」。結婚後に富岡町で培ってきた人間関係も、事故と避難により失われてしまった。

　　夜ノ森時代の、子どもたちが成長するに従ってのママさん友だちが、結局みんな散り散りばらばらになってしまいました。……（自宅も）取り壊しの申し込みをして、「解体に入ります」ってこないだ連絡があっ

たんです。更地にしてもらうことになってるんですけど、そうやって壊しちゃったら、もういまさらそこに家は建てる気もないですし、この年でね。こんな8年も9年もなったらばもう定住しちゃいますよね。私らみたいに帰還困難区域なんて住んでる者にとっては、なおさらもう帰れないっていう気持ちがありますからね。(2019.8)

　長年暮らした自宅を取り壊し、友人も含めて戻る見込みがなくなると、心のよりどころが断ち切られたような気持ちになる。富岡町の自宅は一軒家で、庭で花や野菜を育てていた。マンション暮らしでは、同じように楽しむことは難しい。「隣近所とのおつき合いとか友だちとの交流とかも、一気に断ち切られたっていう感じですものね」。
　避難先の新潟では、避難指示区域からの避難者同士だけでなく、区域外からの自主避難者とも交流があった。とりわけ、こうした自主避難者への対応には納得がいかない。

　　私たちは、家屋や土地については賠償してもらったけれども、してもらってない人もいるわけでしょ。自主避難の人なんか、たった一度の賠償金だけで。私たちはいいほうだけど、そういうふうにまだ苦しんで、家族がばらばらで暮らしてる人もまだたくさんいるわけですからね。賠償金うんぬんだけじゃなくて、最後まで「もう終わったんだ」っていうような考えだけはして欲しくないですね。「もう8年たったんだからもういいでしょ」みたいなことにはして欲しくない。(2019.8)

　阿部は、帰還困難区域になってしまったふるさとはもう元には戻らないので、避難先でこのままの生活を続けていくしかないと考えている。しかし、避難元にあったさまざまな関係が断ち切られてしまったことで、将来には大きな不安を抱えている。
　県外避難者はそれぞれの考え方や事情に応じて帰還する、しないを選択している。その選択の結果が、さまざまな統計データとして公表される。その

数字の背後には、ここまでその一端をみてきたような、各自が置かれた条件、複雑な思いや振幅が横たわっている。

4-3　帰還の進まない避難元の様子

　浜通りの被災地では、2017 年春までに帰還困難区域を除くほとんどで避難指示が解除され、元の家に戻ることが可能になった。しかし、避難指示区域だった市町村の多くでは、帰還者の数は少ないままである。世代別の割合をみても高齢者が多くを占め、子育て中の家族など若い世代の帰還は進んでいない。

　南相馬市の小高区は、その大部分が福島第一原発から 20 キロ以内に位置しており、立ち入り禁止の警戒区域に指定された。2012 年の 4 月の区域再編により、避難指示解除準備区域・居住制限区域・帰還困難区域に再編された。2016 年 7 月に避難指示解除準備区域・居住制限区域の指定が解除され、山間地を除くほとんどで帰還が可能となっている。2019 年の 2 月と 9 月に、小高区内および近隣に帰還した住民から話を聞いた。

町に人がいない

　小高区の中心部で食堂を営んでいた押見晃平（仮名、50 代）は、母親や兄弟、子どもなどとともに、柏崎市を経て新潟市に避難した[19]。市内の一軒家を借り、7 年半ほど避難を続けた。押見は、強制避難者中心の交流会（「浜通り会」）だけでなく、自主避難者中心の交流施設（「ふりっぷはうす」）にも積極的に顔を出し、分け隔てなくつきあいを続けた。新潟市では、強制避難者と自主避難者でおおまかな棲み分けがなされていたが、その社交的なキャラクターもあって、とくに壁を感じることもなく人間関係を築いてきた。

　押見は早くから、避難指示が解除されたら小高に戻って食堂を再開するつもりでいた。地震の被害や長期にわたる避難の影響もあって再開には大幅な修理が必要だったが、福島県の補助金を得ることも決まった。避難先の新潟市で療養していた母親が亡くなったこともあり、2018 年の 10 月に小高に帰還した。復興公営住宅に入居して店の工事を進め、2019 年 12 月には食堂を

オープンできる見込みである。

　帰還して 1 年ほどがたった時点で、小高の町の様子を尋ねた。まず言えることは、「町に人がいない。さびしい」ということである。小高に住んでいた同級生や友人も、原町区などに住まいを求めて、小高にはほとんどいないという。押見の長女もいわき市、長男は相馬市、次男は原町区で暮らすことになった。長女は、自分の子どもを小高の小学校に入れることも考えたが、同級生が 6 人しかいないことがわかって断念した。同級生があまりに少ないと、子どもがかわいそうだろうと考えたのである。

　　子どもらとだって離れ離れでいる。親戚・友だち関係もなんも、みんな一緒だ。やっぱりつながりは、みんななくなってるね。町にいてもなかなか人と会わない。昔なんかは同級生と必ず 1 人、2 人は、1 日に会ったりしたけど。人がいないのよ、まず。町を歩いたって人いないんだもん。(2019.9)

「隣組」（町内会の班）も 13 軒あったが、いま住んでいるのはそのうち 3 軒だけだという。みんな生活が変わってしまったと感じるが、この状況を受け入れてやっていくしかない。小高の町の様子をみていると先行きが不安になるが、とりあえず親の代から 50 年以上続けてきた食堂を再開することを目指す。「そんな一生懸命やんねえもの。もう食うだけあればいいんだもん」。

コミュニティを完全に壊した

　國分富夫（70 代）の自宅は、南相馬市小高区内の福島第一原発からおよそ 15 キロの地点にあった[20]。震災後は、妻・息子一家とともに福島市、会津若松市を経て南会津町に避難した。半年ほどの間、南会津町の臨時職員を務め、1,000 人ほどが避難していたので避難所を回って支援に当たった。その後、会津若松市の借り上げ仮設住宅で 4 年ほど生活し、2015 年 4 月に南相馬市原町区の借り上げ仮設住宅に移った。その後、相馬市に自宅を建て、2016 年の 11 月から息子一家と隣り合わせで暮らしている。

　國分は郵便局に勤務しながら、地元で計画されていた東北電力の小高・浪江原発に対する反対運動を長年続けてきた。浪江町に比べて当時の小高町では賛成派の声が大きく、國分は「変人扱い」されてきたという。「自分たちが初めて認められたのは、この原発事故が起きてから」。「お前の言っていたことは間違いなかった」と言われほっとした。

　いまは原発避難者訴訟の原告団として、口頭尋問にも立つ。賠償云々よりも、「後世へとつなぐ」ことを意識している。「昔の人は、『年寄りはたいしたもんだよ』と言われたもんだけど、これからの俺たちは『昔の人は何やってたんだ』と、『ばかか』と言われちゃう。だから、『そうではないんだ』ということをやっていかなきゃ駄目だ」。そう、まわりにも話している。

　小高で國分が暮らしていた集落の隣組は 18 軒あったが、そのうち戻っているのは 4 軒だけで、すべて高齢者の世帯である。震災前は、食べ物のお裾分けや、子どもの送り迎えなどの助け合いを、「当たり前のようにやっていた」。それが、原発事故と避難によって、いっさいなくなってしまったのである。こうした、地域のなかで住民同士が取り交わしてきた物やサービスのやりとりは、当たり前で、とくに意識もしていなかった。失って初めてその価値がわかる。

　國分は、いまから 4 年前、郡山市にあった仮設住宅の集会場に 10 名ほどの避難中の住民に集まってもらい、話を聞かせてもらった。

　　印象に残っているのは、「俺なんか、もう死んでもいいんだ」と、みんな同じこと言うのだ。「なぜなの?」って聞いたら、「だって、子どもたちが帰って来ない。だけど、若い人たちに、息子や娘に、戻って来いとは言えない」と、言う。「でも、いくら放射能が高くても故郷が恋しい。だから自分が死んだら、そこに埋めてくれと頼んでいる」と、言われた時、いやいや、なんと言ってあげらいいのか言葉が出なかった。ふるさとは放射線量が高くて、強制避難で誰もいない。どこへ行ったのかわからない。「望みがない、展望もない」って言う。もう皆さんふつうの顔じゃないわけです。抑え切れないわけです。それぞれが涙を流

しながら、こういう話をするわけです。これがほんとの現実だ。これまで話されるのは、たぶん私自身が避難者だから安心して話しているのかなって思う。私もそうだから。

　これが原発事故の起こした弊害。コミュニティを完全に壊され、バラバラにされてしまった。そればかりではない。家族までばらばらにされた。だからそこで、励ましの言葉なんかどこにも出しようがない。「がんばれ」なんて無責任なことも言えない。地域のコミュニティというのは、とくにこういう田舎町は、これが当たり前で、重要なことだ。一言でいえば、コミュニティは、私たちの生きるための宝だな。こんなことが起きなければ、感じなかったかもしれないけど（2019.2）

そんな無責任なこと、あるか

　高齢者たちの嘆きや絶望感は、時間がたつにつれていっそう深まってきていると感じる。「最近は、『もう知らねえ』って言う人が多いね」。國分は、集団就職などで東京方面に出て行った浜通りの人たちから、故郷について話を聞く機会もある。彼らは自分が生まれ育った故郷のことを、素晴らしいところだと家族にも話してきた。毎年、子どもや孫を連れて実家に帰るのを楽しみにしていたが、「もう帰れない」と嘆いていたという。

　避難指示解除により元の住民に帰還を勧める動きもあるが、放射能で汚染された現実を語らずに進められているため、強い憤りを感じる。

　小高区の場合、解除されて戻った人はいるけど、ほとんど高齢者、65歳以上の方々で、「戻って良かったのか」と言えば、実際はまわりが全部壊れちゃって、なんにもないわけです。戻っても悩んでいる。車に乗れる人はまだいいけど、車に乗れない人はいられない。いずれは、どこかに行かなきゃならない。医療の関係でもなんにしても。解除したところに「戻れ、戻れ」と言って、コミュニティ交流館をつくったけど、当初はめずらしいこともあり多少集まったようだが、その後は閑散としている。なんの魅力もないからでしょう。そもそも帰還者が少なく高齢者

がほとんどとなればね……。何とかして帰還者を増やしたいと思うのは
わかりますが、どこか欠けているのではないでしょうか。原発事故が起
きればどうなるのか。放射能で汚された地域をどう再生できるのか。う
そで誤魔化すのではなく、国や自治体が本気で取り組むのが復興ではな
いか。そう呼びかければ、誰も反対しないでしょう。

　俺たちが土壌の放射能を測ったりして、人が住むところじゃないって
言うと、でも国の基準としては下まわっているから大丈夫だという話
だ。「それが嫌だったら、帰るも自由、帰らぬも自由」って言う。私は
それ言われた時に、「そんな無責任なことあるか。こんな大事故起こし
て、人が住めないような状況にして、『帰るも自由、帰らぬも自由』っ
て、ふざけんじゃない」って怒ったことがある。いまも怒っている。

　風評被害ってよく言うけど、「風評被害じゃない、実害だ」って言う
んです。「実害をなくせば、風評はなくなる」と、言いたい。若い人た
ちは勉強しているから、「子どもはここで育てられねえ」って言います。
働く場がないからじゃない。いくら働く場をつくったって、来ないです。
子どもが10年後、20年後どうなるか心配しながら子育てなどできない。
自分がノイローゼになってしまいます。それなら、安心な、安全なとこ
ろで、生活は苦しいけど、そこで生活しようと言うのは、私は当然だと
思っている。その手立てをきちんとやるのが復興でしょう、責任でしょ
う。(2019.2)

　原発事故は住民と地域に大きな被害と損害をもたらしたが、國分からみる
と「コミュニティを完全に壊した」ことが最大の被害である。避難指示を解
除して帰還政策を進めても、けっして元通りになることはない。にもかかわ
らず、「帰るも自由、帰らぬも自由」と言って、判断を避難者まかせにして
いる。それは國分から見ると、きわめて無責任な許しがたい態度である。

戦争中よりひどい
渡部寛一（60代）は、小高区内の中心部からやや離れた集落で農業を営み、

南相馬市議も務めてきた²¹。震災の時は、妻と息子一家、母親と一緒に暮らしていた。翌日、原発が危ないという噂を聞き、息子夫婦は孫を連れて会津若松に避難し、後に妻も合流した。渡部は原町区に残って被災者支援や議員としての活動を続けた。4月になると息子たちはさらに愛媛に避難し、渡部夫婦は6月から原町の借り上げ仮設住宅で暮らすことになる。

原発事故前は、米や野菜とともに、味噌の加工場を建てて、こだわりの味噌づくりに力を入れていた。味噌を含む農産物は産直で消費者に提供していたが、事故によりこうしたつながりも絶ちきられてしまった。息子は愛媛の大学を卒業後、実家に戻って10年ほど循環型の農業を目指してきたが、いまは愛媛でミカンと養鶏に携わっている。2018年から農繁期にだけ実家に戻り、米づくりを再開したところだ。いずれは小高に帰ってくる予定である。

渡部が住む集落は、震災時で35世帯ほどが暮らし、現在戻ってきているのは渡部を含めて12世帯である。ほとんどが農業に携わってきたが、原発事故後はここでも急速に高齢化が進んでいる。とりわけ子どもの姿が見えなくなった。地域の花見やスポーツ大会、飲み会などのつきあいもなくなってしまった。「自分の暮らしだけで精いっぱいで、みんな高齢ですから出てくるのもおっくうだみたいな」。住民はそれぞれの家のなかで静かに過ごしているため、活気が失われたと感じている。

渡部寛一の妻、チイ子（60代）は、原発事故後に社会福祉士の資格を取り、2017年の9月から自宅を改装してデイサービスの施設を始めた。まったく畑違いの世界だったが、帰還する高齢者のための居場所づくりが必要だと考えたからである。1日平均で10人ほどが利用する小規模な施設だが、介護認定にかかわらずいろいろな人が立ち寄れる場所にしたい。「集まってわいわいやっていると、みんな元気になってきます」。ただ、若い人が戻って来ないと、次につなぐ確証が得られない。バトンを受け継いでくれる人がいないことが、つねに不安である。チイ子によれば、デイサービスに集まる高齢者は、今回の原発事故・避難の経験について次のように話している。

　　ばあちゃんたちなんかは、戦争中よりひどいって。戦争は何年か後に

なくなったけど、原発はずっといまだって続いてる。息子は帰ってこな
いし、孫の顔はみらんないし。そういう精神的なものだね。風景は全部
変わってしまったし、田んぼも全然変化がないでしょ。ずっと草ぼうぼ
うになったままだしね。そういうのがほんとつらいって。

　寝ぼけて孫の名前なんか呼ぶ人がいるんですよ。夕方になると幼稚園
に迎えに行かなきゃなんないから、ここで遊んでいられないから帰ると
か言い始めたりね。孫と一緒に震災の前に過ごしていたのをちゃんと憶
えていて。そんなのはせつないよね。

　戻って来たって生活の続きができるわけじゃなくて、避難してるうち
にみんな変わってるわけですから。浦島太郎じゃないけど、ここはど
こっていう感じだよね。帰って来たから元と同じになるのかなと思った
ら、まったく違うんでがっかり。解除されるまで 6 年ぐらいかかった
のかな。その間に変わったり、奪われて失ったもののほうがね。それは
戻ってきたからって元に戻るわけじゃないんだ。(渡部チイ子, 2019.2)

　2016 年 7 月に小高区の大部分で避難指示が解除された。しかし元の家に
戻ってみても、家族の姿も地域の姿も一変している。戦争体験をもつ高齢者
からみると、「戦争中よりひどい」状態に映る。

自己責任の世界
　避難指示解除に連動して 2019 年 3 月で仮設住宅や民間借り上げ住宅の供
与も終了する。しかし、話を聞いた 2019 年 2 月時点で、まだ多くの世帯の
行き先が決まっていない。

　もうなんでもない地域だよと。帰らないやつらが悪いんだみたいな
格好を取られるっていうのが見えてきていた。自己責任の世界だって。
……見通しも立たないまま、どうでもいいって、自分で考えるのやめ
ちゃった人もいます。(渡部寛一, 2019.2)

　何回も移ってきたから、もうどうでもいいみたいなのもあるんだよね。

疲れちゃってね。(渡部チイ子, 2019.2)

　原発事故によって故郷を追われ、何度も避難を繰り返し、仮設住宅にも住み続けることは許されない。その先の生活の場を自分で切り開く気力すら奪われてしまった人（「自分で考えるのやめちゃった人」）もいる。元の自宅に戻れと言われても、家族も地域もすっかり変わってしまっている。にもかかわらず、選択の結果はすべて「自己責任」とされてしまう。これも原発事故被災地の現実である[22]。

区域外避難者にとっての避難元
　帰還困難区域の大熊町から新潟県下越地方に避難した大賀あや子（40代）は、避難先で避難者の支援やその声を届ける役割を果たしている[23]。その過程で多くの避難者から帰還や避難元に関する話を聞いてきた。大賀からみると、区域外避難者にとっての避難元もけっして元通りではない。

　　帰還政策では、帰還したら好転して生活できるという捉え方で話されてると思うんですけど、避難元は区域内で解除されたところでも、区域外でも、元通りではない。放射能汚染の状態も完全に元通りなところはありません。精神的な面でも元通りの人間関係のところに、避難しなかった人たちが元通りに暮らせてるところに帰るんではない。賠償金をめぐって軋轢があったり、さまざまなことが起きてます。放射能のことだけじゃなくて、被害のことを被害者なのに語れない。区域外の方は避難元のそういう状況を見聞きして、心を痛めています。だから、帰還促進の政策について検討する時に、元通りのところにただ戻るんじゃないっていうことは、重々考慮したなかで話して欲しいと思ってます。
　　区域外の方だと、残った人から「あんたたちはお金があって豊かだったから避難できたんでしょ」って言われる。ねたみとか負の感情から出てきて、ねじ曲がって現れてくる。あとは、自分たちは避難せずに福島の復興のためにがんばって生きてきた、その間そこに一緒にいなかっ

たっていう責められ方をした時に、とてもつらいでしょうね。(2018.8)

　避難指示区域内であれ区域外であれ、自然環境ばかりではなく人間関係が大きく変わってしまっている。むろん、避難を選択した人、地元に残ることを選んだ人、避難先から帰還した人は、それぞれの置かれた条件のなかで精一杯の選択をしてきたはずである。にもかかわらず、原発事故とその後の政策や制度の不十分さは、地域の人間関係に軋轢を生じさせて、避難元を変えてしまった。「帰還」について語るのであれば、この点を十分に考慮する必要があると、大賀は話す。

4-4　避難指示解除と帰還状況

帰還・避難終了政策

　政府は被災地の除染に巨額の予算を投入して、避難者を福島県内あるいは元の居住地に戻す「帰還政策」を推し進めてきた。その一方で、福島復興指針（2013 年 12 月）などにより、帰還困難区域等からの避難者が避難先で住居を確保しやすくする方針も新たに打ち出された。つまり、帰還の推奨と同時に避難先への移住支援も盛り込まれるようになったのである。帰還にせよ移住にせよ、「避難」という状態をできるだけ早く解消しようという意図を読み取ることができる（除本 2020）[24]。

　ここまでみてきた通り、避難者はこの間、避難を継続するか帰還するかの判断をつねに迫られてきた。「避難終了政策」が強められると社会全体にも原発事故収束のイメージが広がり、帰還か移住かの二者択一を迫られる。避難者として避難先にとどまること、そこで「被害」を語ることが、ますます難しくなる。その一方で福島県、あるいは避難元に帰還するための条件は、どこまで整備されてきたのだろうか。

　今井照によれば、東日本大震災からの「集中復興期間」に定められた 2011 ～ 2015 年度の 5 年間に 27.5 兆円もの巨額の予算が措置された。その使途は、ハード中心の復興事業が中心だったために、自治体の復興ビジョンには、「野菜工場」などの国が用意した画一的なメニューが並ぶことになり、

「日々の避難生活支援と生活再建を求める住民の実感とはかけ離れたものになった」（今井 2017: 142-143）。

巨額の予算が投入されても、それが被災者の生活再建やコミュニティ再生という意味での地域復興に結びついていないことは、上述の南相馬市小高区の様子からもうかがい知ることができる。ハードの整備に力が注がれ、生活再建などのためのソフト事業は後回しにされている。このままでは、避難者が安心して暮らすための環境が整備されたとは言いがたいだろう。避難指示の解除は、避難者への支援や賠償の縮小と連動しており、避難者は困難な選択を迫られ続けている。

帰還状況と見せかけの「避難終了」

帰還・避難終了政策のもとで、実際の帰還状況はどうなっているのだろうか。一部または全域で避難指示が解除された 10 市町村では、2020 年 2 月現在、住民登録の数に占める住んでいる人の割合は 28.5％である。自治体別では、早い時期に避難指示が解除された田村市都路地区（84.5％）、楢葉町（57.7％）、南相馬市（小高区全域と原町区の一部）（51.8％）などが比較的高くなっている。一方、2017 年 4 月に大部分で解除された富岡町は 13.2％、浪江町は 8.6％とかなり低い。また居住者に占める高齢者の割合は、平均で 42.5％を占めている[25]。現在住民登録をしている人びとには、避難指示解除後に他の自治体から新たに転入した人も含むので、「帰還率」と考えるとさらに低くなる可能性がある。帰還者に占める高齢者の割合は高く、今後年齢を重ねた時に、医療や買い物、交通などの面で暮らしを続けていけるかどうか、不安を感じている住民も多い[26]。

避難指示が出されていた区域への帰還者は、解除時期による差はあるが、想定されていたよりも少ない数にとどまっている。しかし序章でもふれたように、福島県の発表する避難者数は、県外避難者が 29,516 人、県内避難者が 7,471 人で、それぞれピーク時に比べ大きく減少している（2020 年 9 月現在）。ここで注意しなければならないことは、「福島県は、災害公営住宅に入居したり、避難先で住宅を再建した人々を『避難者』とみなさず、上記の人

数に加えていない」ことである（山本 2017: 63）。故郷に（少なくともいまのところは）戻らない、戻ることのできない人びとを避難者から除外することは、はたして妥当なのだろうか。吉田千亜は、こうした人びとを「隠れ避難者」と呼ぶ（吉田 2017）。

　また、避難先での住宅の確保をもって「避難終了」とみなせるのかについても検討が必要である。高木竜輔らが実施した調査では、復興公営住宅および持ち家の居住者の半数以上が「現在、避難者であるという認識はもっていない」という質問に「そう思わない」と回答している。すなわち「制度上は住宅再建が完了した層でも半数以上が自らを避難者であると位置づけているのである。そのため、このことは住宅再建が避難終了の区切りにはなっていないという事実を示している」（高木 2017: 112-113）。

　一般的な自然災害とは異なり、原子力災害の場合は、たとえ避難先で（仮設ではない）住宅を確保したとしても、多くの当事者は「避難が終わった」と認識することができない。本章の事例にみられた「ゆれ」も含めて、「避難元の地域とは関わりを持ち続けたいという原発避難者の思い」（高木 2017: 114）をみることもできるし、「移住」と割り切ることが難しい不安定な状況が持続していることもかかわるだろう。

　そうした避難者・被災者の状況や思いを置き去りにしたまま、見せかけの「避難終了」と支援の打ち切りがセットで進んでいることに注意を払う必要がある。

5. むすび──関係の変質と喪失

　本章では、長期にわたる原発避難の経過と生活の現状を探ることによって、時間の経過が被害の回復や被災者の生活再建に結びつかないのはなぜか、という問いに答えようと試みてきた。そのために、被害を数には還元できない被災者一人ひとりの人生にとっての「意味」から考えるという方法をとり、再生をはばむ被害の特徴を探ろうとした。最後に、論点ごとに前節までの事例を振り返り、先行研究にも言及しながら整理しておきたい。

5-1　関係の困難

経済的な損害

　まず、原発事故と避難により被災者の多くは仕事と住居を失った。このことは、深刻な経済的ダメージとなり、被害全体の中核をなす。本章の事例でも、「一生やる」つもりでいた仕事を奪われ、「あれ、ゼロから？」という気持ちで避難生活を始めた（事例2-1）。また、避難指示区域で自営業を営んでいた避難者からは、事業を再生する難しさについての話を聞くことができた。たとえば、東電の営業補償が打ち切られたら「あとは死ねって言われているのと一緒」であり（2-2）、時間の経過とともに「気力がだんだん薄れてきた」という（3-3）。いずれも、すでに避難指示は解除されているが、帰還する住民はまだ1割程度である。こうした状況では、避難元で以前のような商売を営むことは難しい。

　避難指示区域からの避難者は、賠償により避難先に住居を取得することも可能である（条件にもよるが）。しかし、区域外（自主）避難者にはほとんど賠償もなく、借り上げ仮設住宅の提供も終了したため、避難先での住居の確保は重い負担となった。とりわけ、福島に残る夫との二重生活となる母子避難の場合は、住居費を払い続けることは厳しい。住宅支援の終了が帰還を選択する大きな理由となった事例もある（4-1）。避難の終了をうながす政策が、賠償や支援の終了とセットになっていることは、避難者の暮らしを圧迫し、場合によっては不本意な決断を迫ることにつながっている。

避難以前の関係の喪失／避難元における関係の変質

　避難により仕事と住居を失った避難者は、震災前にもっていた多様な人間関係の喪失や変質も経験した。たとえば「仕事以外の活動が全部奪われ」、「そばにいた友だちも一緒に奪われた」（2-2）。母子避難により夫との距離が開いて離婚に至る例も、じつは少なくない（2-3）。とくに区域外避難では、放射能や避難をめぐる考え方の違いから友人と疎遠になったという話もよく聞く（4-1）。帰還困難区域の場合は当面避難元に戻れる見込みはなく、「ママさん友だち」も「みんな散り散りばらばらに」なったままである（4-2）。

　避難指示が解除されて帰還が可能になった区域においても、住民同士の関係は元通りになるわけではない（4-3）。まず、そもそも帰還者の数が少ない。だから、「町にいてもなかなか人と会わない」。避難元では地域も親子もばらばらにされてしまった。「コミュニティを完全に壊した」のである。若い世代を中心に人が戻らず、地域をつないでいく希望が得られない状況は、高齢者から見れば「戦争中よりひどい」ということになる。その結果、「もう知らねえ」「どうでもいいって、自分で考えるのやめちゃった」住民も現れてきた。

　もともと暮らしていた土地ではない場所に建設された復興公営住宅では、「都会と同じような感じになって、つきあいがなくなっちゃってる」（4-1）。福島県内に帰還して復興公営住宅に入居し、統計上は避難者のカテゴリーを外れることになったが、元の暮らしが取り戻せたわけではない。県外の避難先や福島県内の仮設住宅団地を懐かしむ人さえいる。区域外の避難者が避難元に帰還する場合でも、「精神的な面でも元通りの人間関係のところ」に帰るわけではない（4-3）。避難をめぐって地域の人間関係にさまざまな軋轢が生じ、それはなかなか元に戻らないのである。

分断と「語ること」の抑制

　こうした避難者を取り巻くさまざまな社会関係の喪失や変質については、これまで多くの議論がなされてきた。除本理史は、とくに賠償の仕組みと復興政策に着目して被害者の分断を論じている（除本 2018a: 163-166）。除本は、「原発事故の被害地域では、放射能汚染の特性と、福島復興政策によってつくりだされた分断が作用している」とした上で、次のような「不均等性」に着目している。すなわち、①避難指示区域などの「線引き」による地域間の不均等性（事故賠償の区域間格差など）、②「線引き」による区域設定が被害実態とずれていること、③放射線被ばくによる健康影響の重みづけが、個人の属性や価値観、規範意識などによって異なること、④避難者ごとの事情によりインフラへのニーズが異なること、などである。公共事業に偏った復興政策が住民の分断を深め、複雑化している。

　上記の③に関連して、藤川賢は「放射能に関する話」の「自制と抑圧」について論じている（藤川 2015）。家族や隣人の間で放射能の影響に対する考え方が異なる場合、話題にすることを避ける傾向がある。仲良く暮らすための「思いやり」から生ずる「自制」は、言葉を押さえつける「抑圧」に容易に転化する。とりわけ、不安を口にすることが「風評被害」につながるとみなされるような雰囲気があると、発言は抑制されるだろう。

　成元哲らは福島県中通りの母親を対象として継続的な調査をおこない、「語ること」の抑制についても検討している。「争いを避けるため本音や不安を口にできない、あるいは考えを押し付けられるというストレスが生じている」（成編 2015: 252）。疋田香澄は、「ただ風化していくのではなく、語ること自体がタブー視されていると感じる人が多いのは、原発事故特有の現象ではないだろうか」と問題提起し、「沈黙のらせん」という言葉を用いて議論する。福島県を対象とした世論調査では、「放射性物質が自身や家族に与える影響への不安」は高止まりを続けている（疋田 2018: 156）。

　不安はあるけれども口にできないという状況は、個人にとってストレスとなるし、生活の場での社会関係にも深刻な影響を及ぼしかねない[27]。区域内であれ区域外であれ、避難先から帰還する人びとは、分断を抱え、しかもそれを口に出せないような雰囲気のなかに戻ることになる。

「ふるさとの喪失」／故郷剥奪

　原発事故と避難により、「地域のなかで人びとがとりむすんできた社会関係や、営みの蓄積が失われ、自治体は存続の危機に直面している」。こうした地域社会と住民の被害を、除本理史は「ふるさとの喪失」と名づけている（除本 2018c, 2019a, 2019b ほか）。「ふるさとの喪失」が意味しているのは、①地域にとっては、住民・団体・企業などの地域の社会関係とその活動の蓄積・成果が失われること、②避難者にとっては、避難元の地域にあった生産・生活の諸条件を失ったこと、③帰還した人や滞在者にとっては、住民の入れ替わりや生活条件の未整備など、である。ここで言う「ふるさと」は、長期継承性と地域固有性をもち、その喪失は不可逆的で代替不能な「絶対的

損失」にほかならない。

　関礼子によれば、避難元で人びとの生活を成り立たせている関係性は、二重構造になっている（関 2018: 157-160）。「個人の生活」は、農地の維持管理や防災、環境整備に至るまで「みんなの生活」と相互依存・相互扶助の関係にあり、避難によって「個人の生活という櫛の歯が欠けていればみんなの生活が成り立たなくなる」のだ。それは主観的な心持ちの問題ではなく「故郷の剥奪」と言うべき事態である。「たとえ避難指示が解除されて帰還したとしても、そこは原発事故前の『場所』とは隔絶している」。したがって、「むしろ新規開拓、新規移住に近いゼロからのスタート」とみなさざるをえない。こうして避難元の社会関係は、避難指示の有無にかかわらず原発事故前とは異なるものになっている。

避難先での関係構築の困難

　失った避難元での関係を避難先で築き直そうとしても、それは簡単なことではない。避難してしばらくの間は、（いじめや差別などの例外はあったが）おおむね避難先の住民は、避難者をあたたかく迎え入れたと言ってもいいだろう。避難者同士でも、交流施設などをきっかけとしたつきあいや避難者グループの活動などを通じて、共感や協力の関係が築かれていった。しかし、避難指示区域からの避難者への賠償が本格化するとともに、その他の条件の違いも相まって生活再建のスピードに差が生じ、分化が進んでいく。

　賠償の進展は、避難者間の分断をもたらしただけでなく、避難先の住民との関係も変えていった。本章でみてきた避難者の語りには、避難元や避難してきたこと自体を隠すという言葉が多数あった。「本当にもう隠れるようにしていないと、何を言われるかわからない」(3-1)、「福島県から来たっていうことは口が裂けても言えない状況でした」、「避難して来ましたとは言えないです」、「私は南相馬って言わないんです」(3-2) などである。避難元を隠すことによって「家族の歴史」が失われてしまうことも心配されていた。

　避難先で周囲の人びとと一見なごやかな関係を築いているように見えても、実際は距離を感じて、「本音で話せない」つらさを抱えている避難者もいる。

避難先では「福島県から来たやつ」というまなざしを感じて、どうしても自分をつくってしまう。だからつねに、「自分が自分じゃない」感覚が離れない（2-1）。また、積極的に地域での活動に参加してきた避難者も、じつは自分の苦しさを誰にも話せなかった。話せば楽になると思いつつも「聞いてくれる人がいない」と感じてきたのである（3-3）。社交的なタイプに見える避難者からこういう話を聞くと、避難先で新たな関係を築くことの難しさを思わざるをえない。

　避難先において、避難者が自分は避難者であることを隠し、みずからの被害・苦悩を口にできないことは、被害の不可視化、潜在化に結びつく。「話す－聞く」関係の喪失は、避難者のアイデンティティを不確かにし、新たな被害を付け加えることになる。

5-2　個人への「丸投げ」と自己責任化

個人的な判断を迫られ続ける

　原発事故と避難により被害を受けた人びとの回復と再生はなぜ困難なのか。ここでは避難や帰還の判断、生活再建の方向などが、ほとんどすべて被災者個人にゆだねられてきたことを中心にみていきたい。

　商工業者が福島県に戻って事業を再開する際には手厚い支援がある。業態によっては避難元に戻って再建することは難しいが、県外での再開に対しては「ひじょうに冷たい」。営業賠償も打ち切られる。そのため、「自分らで切り開くしかない」と考えるしかない（2-2）。

　区域外避難者にとっても、事態は深刻である。これだけの大きな事故で被害も想定されるので、当初は国が責任をもって集団避難等の方策を考えると思っていた。しかし、なんの対応もとられないことがわかって、自分で避難先を探し、避難を決断する。ほとんど賠償もなく、住宅の提供もやがて打ち切られる。「避難の権利」も確立していないため、避難を続けるためにはつねにその「理由」も求められる。子どもの健康、福島に戻ることの不安、避難を続ける経済的な厳しさ、避難先・避難元での人間関係などさまざまな条件や価値観のもとで、そのつど判断し、選択をくり返してきた。避難者から

見れば、帰還の条件も避難継続の条件も整えられないまま、独力で判断を下すしかない状況が続くのである（2-3、4-1）。

　避難先で子どもがいじめにあったケースは悲痛である。周囲の偏見や学校・行政・保護者の対応の鈍さもあって、被害者は孤立感とあきらめを深めていった。その結果、「誰かに助けを求める気持ちも失せた。誰も助けてくれない、自分たちの身は自分たちで守らなければいけないんだなっていう絶望感も味わった」。周囲が避難者に、すべての困難を背負わせる結果となっている（3-1）。

　避難指示が解除された避難元でも、すべての責任が個人に押しつけられているという声を聞いた。「そんな無責任なこと、あるか。こんな大事故起こして、人が住めないような状況にして、『帰るも自由、帰らぬも自由』って、ふざけんじゃない」。「もうなんでもない地域だよと。帰らないやつらが悪いんだみたいな格好を取られるっていうのが見えてきていた。自己責任の世界だって」（4-3）。自然環境も社会関係も壊しておいて、戻る、戻らないは本人の自由であり、支援は終了するので戻らない場合はあとは自力でというのは、あまりにも無責任である。

選択・判断への迷いと重圧、あきらめ

　避難者が長期にわたって個人的な選択と判断を迫られ続けてきたことは、みずからの選択に対する迷いや重圧、そして「決断疲れ」とあきらめをもたらしている。避難先で生きていく決意をしても、「気持ちの奥底」には避難元（富岡町）への思いが強く残る。結局のところ「すべてが中途半端」で、「心のなかは穏やかではない」まま暮らしが続いていく（2-2）。

　区域外避難者の多くは、避難を選択したこと自体が本当に正しかったのかどうか、つねに悩んできた。それもあって避難してから長期間が過ぎても「地に足をつけて生活している実感はない」し、先のことを「具体的に決定することへの不安」は続く。自分の生活にある程度見通しがたってから振り返ると、その間は「日々の暮らしにいっぱい、いっぱい」で、「自分のなかの空白期間だった」と言える（2-3）。周囲から帰還をうながされる機会も多

く、子どもの進学等のさまざまなタイミングで選択を迫られ、迷い続けてきた。不安を抱えながらも帰還を選択することで、「宙ぶらりんな感じ」は解消され、精神的な安定は得られた。それまでは、寄る辺のない不安定な気持ちを抱え続けていたということである（4-1）。逆に帰還しない判断をしても、福島に愛着を感じたり嫌いになったり、前向きになったり後ろ向きになったりを繰り返している（4-2）。

　柏崎市で避難者支援にあたっていた行政担当者は、以前次のように語っていた。

　　　子どもさんが高校を卒業するまではここにいる、と決める方が多数おられます。だから一生ということではなくて、とりあえずこの区切りのところまではこうします、その後どうするかはその時にまた考える、というパターンの方が多いと思います。ご自宅を建設された方でもそういうイメージなんですね。……やっぱり避難しているなかでずっと決断を求められてきて、決断疲れみたいなところがあるのかなと思います。どうしようか、この先どうなるんだろうかというのを、ずっと考えられてきて、とりあえずそこまで決めれば、あとは考えなくていいかなというのが結構あるように感じますね。(2015.6)

　避難先に自宅を建てたとしても、それは「とりあえず」という暫定的な判断にすぎない場合がある。「ずっと決断を求められてきて、決断疲れ」してしまい、たとえしばらくの間でも落ち着きたいという切実な願いである。

　住民が戻らずコミュニティの関係性が崩れた避難元で、「帰るも自由、帰らぬも自由」と放り出された人びとの話も切ないものがある。「もう知らねえ」「自分で考えるのやめちゃった人もいます」「何回も移ってきたから、もうどうでもいいみたいなのもあるんだよね。疲れちゃってね」（4-3）。十分な支援も得られず、コミュニティの変質にも目を向けず、選択だけを迫られる。疲れとあきらめが、避難者の心を覆う。

「自己責任」にゆだねる制度と社会

　避難や帰還、生活再建のあり方などに関する判断と責任は、つねに避難者・被災者個人にゆだねられてきた。この間、被害の救済に責任をもつ主体も、そのための制度も存在しないことが明らかになりつつある。無責任な政策と不十分な制度、周囲の無理解によって避難者は苦しめられ、やがて疲れとあきらめの境地に追いやられる。

　「そもそも政府は、自然災害において家屋など個人財産の補償は行われるべきではなく、自己責任が原則だという立場にたつ」のであり、「福島復興政策でもこれまでと同様に、個人に直接届く支援施策より、インフラ復旧・整備などが優先される傾向」があった（除本 2019a: 153）。その結果、福島復興財政は、①実施事業は公営住宅と産業振興に偏して多様性を欠き、②避難者対策から帰還環境整備へと事業の中心が移り、③地域再生と避難者（とくに県外）の生活再生が調和しないことが危惧される（井上 2020: 49）。こうした施策が被災者と被災地に何をもたらしているのか、長期的な検証が必要だろう。

　さらには、避難の長期化に対応する法制度が存在しないことも被災者を苦しめてきた。「避難者については、避難元が避難指示区域の中であれ外であれ、避難の長期化に伴い住宅・就業・教育・健康・福祉等の問題に直面することになるが、これらの問題に対処するための法制度が、全く存在していなかった」（清水 2019a: 223）。避難先等の現場でさまざまな支援施策がとられたが、それを担保する法制度がなかったのである。

　こうした状態への手立てとして、2012 年 6 月に議員立法により「子ども・被災者生活支援法」が制定された（清水 2014，平川 2017a，大友 2018）。この法律では、原発事故による健康への影響が科学的に未解明であることを前提に、居住も避難も帰還も被災者の権利であり、いずれを選択しても、行政はそれを適切に支援する責務があることが定められた。

　しかし、この法律は具体的な施策内容をもたない理念法にとどまったため、その後 2013 年 10 月に策定された基本方針により後退・形骸化してしまう。「支援対象地域」は福島県中通りと浜通りに限定され、被災者の選択

を支援する施策も立法時の理念からは大きく後退することになった。さらに、2015年8月に基本方針の改定がなされ、「支援対象地域は縮小又は撤廃することが適当」と明記された。また仮設住宅の提供が2017年3月で終了することについても、放射線量の低減からみて「整合的」と記している。

　避難者・被災者の被害を回復するためには、「子ども・被災者生活支援法」のもともとの理念に立ち返って多様な選択を保障し、そうした選択を支援する施策を再構築することが必要だろう。「自己責任」で解決しようとする流れに抗するなかで、避難者を取り巻く社会関係の再生・再構築も可能になるはずだ。

注

1　なお、以上の3つのテーマのそれぞれに分けて避難者の事例を取り上げているが、個々の事例のなかでは、他のテーマにまたがる話も出てくる。本章と次章では、各避難者の経験や思いのまとまりを優先するために、事例を切り分けて各テーマに置き直すことは原則として避けた。避難者が抱える問題は、言うまでもなく単一のテーマに収まりきらない多面性をもつ。

2　対象者の氏名については、原則として仮名で表記している。ただし、本人の許可を得て実名で表記している事例もある。年齢は、最新のインタビュー実施時点（2018〜2019年）で記載している。対象者の敬称は略させていただいた。青木へのインタビューは、2011年9月、2013年4月、2015年5月、2017年9月、2018年7月、2019年8月に柏崎市で実施した。2011〜2015年のインタビューについては、松井（2017）の第2章で言及している。

3　木村へのインタビューは、2012年4月、2013年7月、2015年6月、2019年8月に柏崎市で実施した。木村の避難状況や避難生活については、松井（2017）の103〜108ページでも取り上げている（Aさん）。

4　南雲へのインタビューは、2013年2月、2016年6月、2019年8月に新潟市で実施した。南雲の避難状況や避難生活については、松井（2017）の154〜159ページでも取り上げている（Jさん）。

5　東日本大震災直後から2011年8月まで、新潟県湯沢町で「赤ちゃん一時避難プロジェクト」が実施された。複数のNPO法人と湯沢町が連携して、赤ちゃんや小さな子どもとその母親・家族を民間の宿泊施設に受け入れ、休養と栄養、医療サポートを提供する滞在型の一時避難支援である。最終的には150組の家族を受け入れた。

6　借り上げ仮設住宅提供終了後の経過措置として設けられた福島県による家賃補助制度（2017年度3万円、2018年度2万円）に、1万円を上乗せするというものだった（2019年3月終了）。

7　高橋へのインタビューは、2018年7月に新潟市で実施した。

8　佐々木へのインタビューは、2018年7月、2019年9月に新潟市で実施した。

9　菅野へのインタビューは、2019年8月に柏崎市で実施した。

10　鈴木夫妻へのインタビューは、2013年8月に新潟市で、2019年9月に宮城県内で実施した。

11　大賀へのインタビューは、2018年7月・8月に新潟市で実施した。

12　堀夫妻へのインタビューは、2012年7月、2013年7月、2015年6月、2019年9月に柏崎市で実施した。堀夫妻の避難状況や避難生活については、松井（2017）の108〜114ページでも取り上げている（Bさん・Cさん）。

13　念のために補足すると、県外避難者はずっとこの選択を迫られ続けてきたし、この後も迫られ続けている。このタイミングであらためて迫られた、という意味である。

14　加藤へのインタビューは、2013年2月、2016年6月、2019年8月に新潟市で実施した。加藤の避難状況や避難生活については、松井（2017）の148〜153ページでも取り上げている（Iさん）。

15　須賀夫妻へのインタビューは、2019年9月に南相馬市で実施した。

16　栗原へのインタビューは、2012年10月、2015年6月、2018年5月・6月に新潟市で実施した。栗原の避難状況や避難生活については、松井（2017）の133〜140ページでも取り上げている（Gさん）。

17　注8と同じ。

18　阿部へのインタビューは、2019年8月に新潟市で実施した。

19　押見へのインタビューは、2019年9月に南相馬市で実施した。

20　國分へのインタビューは、2019年2月に南相馬市で実施した。

21　渡部夫妻へのインタビューは、2019年2月に南相馬市で実施した。

22　南相馬市小高区の状況については、松井（2017）の第6章でも取り上げている。最近の様子については、関（2020）も参照。

23　注11と同じ。

24　除本理史によれば、「帰還政策はしだいに避難終了政策という性格を強めてきた」。その背景には、「避難指示を解除して住民の帰還を促し、賠償を含む事故対応全体を早期に収束させていくという政府の方針が、指針・基準に強く影響を及ぼしてきたという事実」がある（除本 2020: 7-8，11）。

25　NHK WEB特集「原発事故9年 住民の帰還はどこまで進んでいるのか？」（2020年3月11日）https://www3.nhk.or.jp/news/html/20200311/k10012320891000.html（2020年9月10日最終アクセス）。

26　復興庁が2019年に実施した住民意向調査で、住民の帰還意向を尋ねている。そのなかで、「戻らない」と回答した住民の割合は、双葉町・大熊町・富岡町・浪江町で5〜6割を占める（復興庁 2020）。その理由としては、富岡町を例にとると、①「すでに生活基盤ができているから」（61.1％）、②「避難先の方が生活利便性が高いから」（39.7％）、③「医療環境に不安があるから」（33.1％）、④「原

子力発電所の安全性に不安があるから」（28.1％）、⑤「生活に必要な商業施設などが不足しているから」（25.6％）の順となっている。避難の長期化により避難先での定着が進み、他方で避難元での生活環境整備の遅れもあって、帰還意欲は年々減退する傾向にある。

27 しかし、低線量被曝による健康被害のリスクに対して不安をもつことには合理性がある。この点については、伊藤（2017）、平川（2017a, 2017b）、除本（2018b）を参照。

第2章　被災・避難経験の捉え返し
──「折り合い」と「意味づけ」──

1. はじめに

　前章に引き続き本章でも、長期にわたる避難生活を強いられている避難者一人ひとりの声に耳を傾けたい。主に新潟県への原発避難者を中心に、2018 〜 2019 年に実施したインタビューのデータを用いる。継続的に話を聞いてきた避難者については、それ以前のデータも含めて、生活と「思い」の変化もたどることにする。

　ここでは、被災と避難の経験が当事者の人生においてもつ「意味」に焦点を置いて、特別な経験を当事者はどのように意味づけ、再生への契機としているのかについて考えたい。とくに、避難者が被災と避難の経験をインタビューの時点でどのように捉え返しているのかに視点を定めるが、その際に3 つのテーマに分けて論じていく。

　第一に、避難者が慣れない土地での子育てや生活の立て直しをはかるなかで、どのようにしてさまざまな苦難を受け止め、「折り合い」をつけてきたかをみていく。長期にわたって避難先で暮らしていくためには、さまざまなことに「折り合い」をつけていかなければならない。しかしそれは、納得して受け入れることとは異なる。この、「折り合い」からどうしても「はみ出すもの」の存在に注目する（第 2 節）。

　第二に、当事者が自分の経験を整理し、他者に向けて「語りかける」ことの意味について考える。さまざまな機会に避難者は、「経験を語ること」を求められ、そのつどみずからの経験を振り返り、意味づけ直すことになる。それは、避難者・被災者が回復と再生をはかる契機ともなりうるのではない

か、ということについて考える（第3節）。

　第三に、被災者間や被災者と非被災者の間の「分断」を修復し、つながり
をつくろうとする被災者自身の試みについてみていく。個人に閉じずに社会
に働きかける行動は、避難者のどのような経験と思いに根ざしているのか。
多様な背景をもつ避難者の多様な取り組みを、それぞれの個人史に即してみ
ていく（第4節）。

　以上を受けて最後に、避難者の経験を振り返り、その「重み」についてあ
らためて考えてみたい。今回の原発事故にともなって避難者が受けた被害は、
けっして他人ごとではない。数十基の原発が立地する日本で暮らす限り、つ
ねに事故のリスクとともにあることを想起すれば、じつは無関係な人などい
ない。現在の避難者・被災者が「個人」として背負わされている問題を、人
まかせにせずに社会全体の問題として受け止める必要があることを述べたい
（第5節）。

---

2. 「折り合い」とそこからはみ出すもの

2-1　心の奥底にしまった状態

　泉美奈子（仮名、40代）は、震災当時、夫と小学校入学直前の長男ととも
に福島市の夫の実家で暮らしていた[1]。ホームヘルパーの仕事に従事し、利
用者とも時間をかけて信頼関係を築いてきた。原発事故の後、2011年9月
末に泉は長男を連れて新潟市に母子避難する。避難するまでは、食べるもの
や子どもの行動に最大限気を使いながら毎日をすごしていた。友人の紹介で
夏休みに2週間ほど岡山に滞在し、「ふつうの生活」を経験したことが避難
を決意する決め手になった。「絶対安全かどうかがわからないところで子ど
もを生活させたくない」という強い気持ちで、夫や夫の両親を説得した。

不安の波に呑まれないように

　新潟に避難して、当初は大きな解放感を感じることができた。しかしその
うち、子どもを初期被曝させてしまったことへの不安や、はたして避難とい

う選択が正しかったのかどうかの迷いも生じてくる。そんな時には、避難者
交流施設での区域外避難者同士の交流がずいぶんと助けになった。

　　ふだん思っている不満だったり、不安だったりを、ここでみんなで
　しゃべることによって安心に変えられる。自分がやっていることが正し
　いのかどうか、みんな不安なんです。避難はしてきたけど、本当にこれ
　が正しい選択だったのか、自信がなくなる時がある。福島の方からは
　帰ってこいという圧力がかけられ、健康に被害なんてないんだからって
　言われると、自分のしていることは無意味なのかなって思ったり。でも
　やっぱり、放射能は目に見えないけど怖いんだからというのをここで再
　確認して、みんなで「そうだよね、危ないよね。私たちの判断は間違っ
　てないんだよ」と確信して。みんなで本当なんとか手をつないで、不安
　の波に呑まれないようにしている感じですね。(2013.2)

　とりわけ、ほとんど賠償が得られない区域外避難者の場合は、経済的な問
題が重くのしかかってくる。泉は、避難する際に仕事を辞めざるをえなかっ
たし、二重生活になることで支出も増加した。避難を続ける「命綱」の住宅
支援も 1 年ごとの更新で、長期的な見通しをもって生活することが困難だっ
た。それでも子どものために、できる限り避難を続けたい。政府にも自主避
難を権利として認めて欲しいと思う。

　　福島でも、平成 30 年までに避難者ゼロにするみたいな目標を掲げて
　がんばっているようですけど、避難する、しないは個人の自由だと思う
　んですよね。自主避難も一つの選択だと思うし。不安に思っていること
　を「安心だから」「安全だから」っていくら言われても、それが信用で
　きなくて避難しているので、そこをもうちょっと認めてほしい。(2013.2)

　泉は、できれば夫にも新潟に来てもらい、一緒に生活したいと願っている。
しかし仕事や家のローンを考えると、夫が福島を離れるわけにはいかない。

夫の方では、妻子に戻ってきて欲しいと思っている。意見が合わないことが
わかっているので、「週末しか会えないのに、大切な時間をケンカしてすご
すのはよくないと、おたがいに大事な部分には触れないで様子を見ている」。

もう終わったことだからって決めつけないで欲しい

2016年におこなった2回目のインタビューは、翌年に借り上げ仮設住宅
制度の終了と長男の中学進学を控えていた時期である。結局、長男は新潟の
中学校に進むことに決めていた。その先の高校の話は、先送りにしている。
「なんか不穏な空気になるので、おたがいに大事な話は避けています。『まだ
3年も先だからこの話はいいね』という感じで、ちゃんと話をしていません」。

2014年の春からはパートタイムで訪問介護の仕事を始め、家計の足しに
している。住宅支援が来春終了した後も、いまのアパートに住み続けたいと
考えているが、そのためには仕事の時間数を増やすことも必要になる。し
かしそれだけではマイナスになるので、貯金を切り崩すことになりそうだ。
「詳しい計算は、まるでしていない。なんかもう心配で頭がいっぱいになっ
ちゃうので、あまり考えないようにしています」。

国や福島県による帰還優先の政策に対しては、不信感が募る。借り上げ仮
設住宅支援の終了を見越した引っ越し支援や就労支援も、すべて福島への帰
還を前提としたものにしか見えず「本当に腹立たしい」。

> 帰りたい人は帰ればいいと思うんですけど、帰りたくないと言ってる
> 人を無理やり帰すような動きをするのは、やめて欲しい。そこは、皆そ
> れぞれ自由だと思うんですよね。もう終わったことだからって決めつけ
> ないで欲しい。5年経ったからもういいでしょう、ではないと思います。
> まだ終わっていないことだし、甲状腺がんの子どもたちも増えている。
> のらりくらりとかわすのは止めにして、正しい情報をちゃんと出して欲
> しいと思います。(2016.6)

正確な情報も出さず、避難の権利も認めない。さまざまな価値観やそれに

もとづく判断を尊重して支援するのではなく、ひたすら単線的な「帰還」に誘導しているようにみえる。泉は、薄氷をふむようにして夫との関係を維持し、経済的なやりくりに追われながら子どもの健康を願って避難を続けてきた。彼女にとって、こうした政策のあり方は我慢できない。

どうやって生活をつないでいこうかな

　2019 年の夏に約 3 年ぶりに会った時、最初に話題になったのはやはり経済的な厳しさだった。その年の春までに経過措置として設けられてきた住宅補助も終了し、福島の自宅のローンも支払い続けている。2017 年に次男が生まれ、仕事もしばらく休まざるをえなかった。いまは次男を保育園に預けながら、自分も保育士補助のパートとしてそこで働いている。夫や夫の両親は、福島への帰還を期待しているが、子どもが生まれたこともあって、泉は避難を続けたいと考えている。

　長男は翌年が高校受験のタイミングで、本人の希望もあって新潟の高校を受けることにした。それにより、少なくともあと 3 年間は新潟で避難を続けることが確定したわけである。避難を続けるとなると、経済面をどうクリアしていくかが引き続き問題となる。周囲に対しては、自分のことを「避難者です」と言っているが、そこには複雑な思いもこもっている。

　　やっぱりお金の心配だけ。どうやって生活をつないでいこうかな。私がある程度稼げていればなんとかなるという頭でいたけれど、稼げないとなると厳しいなと思って。保険を解約してみたりとか。それである程度一時的に返ってくるお金があるので、なんとか切り崩してやってというような感じで。お金はもうすれすれ水面下というか、もうマイナスになりそうなぐらいなので。なにかこう冷や冷やしながら。……とりあえず、借り上げ住宅はまた復活しないものかなと思ってますね。住むところさえなんとかなれば……

　　帰るつもりがあるわけでもないし、もう家賃も払い始めているので、避難してるっていうよりはここで生活してますっていう気持ちのほうが

強いですね。ただ、死ぬまでここにいますって思えてるわけでもないの
で、なんかこう地に足が着いていない。先が見えないというか、決めら
れないというか。もう移住と言ってしまいたいけれども、移住とも言え
ない、宙ぶらりんな感じですかね。(2019.8)

そんな気力さえもうない気がする

泉は、福島で築いてきた多くのものを避難によって失った。ただ子どもの
安全だけを願って、避難先で慣れない生活を送ってきた。これまで泉からは、
自分たちを避難せざるをえない状況に追い込んでおきながら、避難の権利も
認めず、ひたすら帰還をうながす政策に対する怒りの言葉が聞かれた。しか
し今回のインタビューでは、これまでとはややトーンが違っていた。

　　だんだんそういう情熱も、もう年とともに薄れているのがよくないな
　とは思うんですけど。ただ、高速道路無料化がまだ続いていることが、
　うちとしてはすごくありがたいし、保育園がいま避難者無料なんですね。
　それがすごくありがたくて……
　　（汚染土の再利用の話などは）おかしいだろとか思うけど。なんかそれ
　を声を上げて訴えていこうみたいな気力も、正直もうない気もする。初
　めのころは、市役所前でプラカードもって汚泥の受け入れ反対みたい
　なことも、「よし、がんばってやるぞ。子どものために」とかあったけ
　ど、そんな気力さえもうない気がする。……子ども産んでから、ちょっ
　とそういうことと縁遠くなってしまっていて。生活に追われちゃって。
　(2019.8)

政府や東電に対する怒りの気持ちを、泉はこれまで言葉にしてきた。だが、
声を上げても政策や対応に変化はない。原発の再稼働も進み、事故も避難
も「なかったことみたいになってる」。そうした状況で、怒りの表出を持続
させることは難しいのかもしれない。避難者への支援が打ち切られるなかで、
日々の生活に追われ、声を上げて行動する気力も失われてきた。だがそれは、

復興の方向に向かっているとか、現状を納得して受け入れていることとは違う。

　　復興には向かっていない気がする。なにかもう、取り残されている感じというか。前を向いて歩こうみたいなことではない。そうやって震災のことを思い返さないといけなくなると、腹立たしい気持ちがすごく湧いてくるので、日常の忙しさできっと奥底にこう、ひゅーってしまわれてるんだなと思いますね。政府に対する怒りとか東電に対する怒りとか、なくなったわけじゃなくて、毎日毎日ちっちゃい子のお世話とか大騒ぎで。なにかしゅっと、なんだろうな、なんだろう、なにか心の奥底にしまった状態なんだなと、このあいだ思いましたね。忘れて前に進もうとかそういう感じではなくて。なんか消化できないまま、ずっとこう、奥底に置いてある感じですね。(2019.8)

　泉の怒りは、解消するのではなく、沈殿して心の奥底にしまわれている。忙しい日常のなかで、あえて目を向けないようにしているが、けっして怒りがなくなることはない。日々折り合いをつけながら、そこからどうしてもはみ出してしまうものを意識せざるをえない。

2-2　暮らしの記憶
　内山史子（仮名、50代）は宮城県生まれの元保育士で、原発関連会社に勤務する男性と結婚して、1984年の秋から大熊町に居住していた[2]。大熊町では、二人の男の子を育てながら中学校図書館の司書などを務めた。子どもはすでに社会人と大学生となって大熊を離れ、東日本大震災の時には夫と二人暮らしだった。

本当は時が止まってる
　内山と夫は、地震の翌日、大熊町が用意したバスで小野町の体育館に避難した。その後、夫の勤務先の事務所があった新潟県刈羽村に移動し、8月か

ら借り上げ仮設住宅制度を利用して柏崎市内のアパートで暮らしている。夫は刈羽村の事務所で勤務を続けてきた。

　宮城県出身の内山にとって、大熊町は「結婚して、たまたま」住んだ場所だった。だが、子どもを産み育てた町なので「第二の故郷」だと思っている。印象としては「子育てのしやすい町」であり、すごしやすい落ち着いた町だった。自分の子どもに絵本を読んでいた親たちで「絵本の会」をつくり、図書館や小学校、幼稚園などで読み聞かせの活動をおこなった。こうした活動を通じて仲間もたくさんできた。避難後も、大熊への一時帰宅には、案内があるたびに一度も欠かさず参加してきた。

　　一番最初の時は、ああ帰ってこれたって、本当に涙が出てきました。その時はまだ、帰って暮らせるかもしれないと思っていたんです。……何回目かに子どもたちを一緒に連れて行ったんですよね。その前から私たちは、もうここには住めない覚悟はできていたけど、その時に家族全員で覚悟ができた。それ以降は、もうなんかご機嫌うかがいに行っているような感覚になってますね。いつも帰った時には「ただいま、来たよ」と言って。出る時には「また来るからね、それまで待っててね」なんて言って、鍵を閉めてきます。だんだんあきらめてはいるんだけど、本当にあきらめて、もう行かなくてもいいやっていう時が来るのかな。まだ私は行きたい、行ける時は行きたい。……

　　うちの時計、毎時音楽が鳴る時計なんですけれども、私たちがいなくても時を刻んで鳴ってるのが、ものすごくうれしいような悲しいような、複雑な気持ちで。前の前ぐらいに行った時、止まってたんです。これは止めちゃならんって言って電池を入れ替えたので、誰もいないところでいまも鳴っていると思います。本当は時が止まってるんだけども、これだけは止めたくないよねって。……もしかしたら止めようかなって思う時が、本当にあの家にお別れする時なのかな、なんて思っています。

　（2013.7）

　内山は、避難先で大熊からの避難者や柏崎の人びとと積極的に交流し、「基本的には穏やかに」すごしてきた。だが、そこにはかなり意識的な部分もはたらいている。「いまは転勤でここに来ているつもりですごしています。アパート暮らしを始めた時から、そう思おうと思ったし、その方が自分は楽だなと思うので」。だから、「被災者」としてメディアの取材を受けるのは断ってきた。「自分をかわいそうにしたくなかった」からである。

子育てしていた家の歴史や重み

　内山は、2015 年のインタビューの時点で、夫の定年まであと 8 年は柏崎ですごすだろうと話している。だが、柏崎に永住する気持ちにはなれず、そのあとどうするかは決めかねていた。自宅はほとんど地震の被害を受けなかったが、帰還困難区域に含まれており、「もう戻る場所ではない」と覚悟している。自宅がまだ住める状態で残っていることと、将来どうするかを決めかねていることは、ひょっとすると関係があるのかもしれない。

　　あそこで子育てしていたという家の歴史や重みというのは、他のものには代えられないものがあるから、いろんな迷いや、ふん切れないことがあるのかな。なんとなくもやもやするし、家のこと考えるとキューっと胸を締めつけられるようなつらい思いになる。……ダムに埋まった村もたくさんあるし、島ごと避難しなければならなくなったところもあります。自然災害じゃないだけで、それと同じかなって思えば。こういう理不尽なことは歴史のなかでままあることなんです、って思うようにしています。(2015.6)

　内山は、「転勤でここに来ている」、避難は「歴史のなかでままあること」と思うようにしている。しかし意識的にそう「思うようにしている」のであり、いずれにせよ「理不尽なこと」には違いない。自制的な言葉の背後には〈抑えようとしているもの〉の存在を感じざるをえない。心を込めて建てた自宅はそのまま残っており、割り切れない思いを抱き続けている。

そこは前にいた場所ではない

　原発事故から7年以上が経過した2018年7月に、内山にあらためて事故と避難の経験を振り返ってもらった。大熊町は内山にとっても夫にとっても生まれ育った故郷ではないが、施設や人間関係などに恵まれた環境で、気に入って住んでいた。

　　子育てした町というのはすごく思い入れがあります。子どもとともに自分も育っていったし、子どもとのつながりで仲間もたくさんできたし。なので、大熊町には特別な思いがあります。とても甘い考えなんだけど、最初のころは、そんなに遠くないうちに帰れるんじゃないかなと思っていた。
　　だけど、どんどん事態が悪化して、この状態じゃ帰れない。つらいけど、住むところではないって納得してるので。一部分だけそろそろ帰れるようになるけど、そこは前にいた場所ではないし、お友だちも一緒に帰るわけではない。そうすると、私はもう大熊町に帰る意味はないです。（2018.7）

　自宅から比較的近い場所に、放射性廃棄物の中間貯蔵施設が建設されることになっている。除染して部分的に避難指示が解除される予定だが、元のコミュニティがそこで再生できるわけではない。そこは、内山にとって帰るべき場所ではない。
　夫の勤務が終わるまでは柏崎にとどまるつもりでいるが、その後は離れようと考えている。子どもの家の近く、あるいは夫の故郷である福島が候補だが、まだ決めていない。したがって、柏崎に根を下ろしているわけではないが、かといって自分が避難者・被災者と言われることに対しては、抵抗がある。「被災者なんだけど、自分のなかでたぶん被災者じゃなかった。自分は被災したと思ってなかったんだと思う」。なぜなら、夫の仕事はそのままあったし、住むところも金銭面もなんとかなったからである。だから、転勤で柏崎に来たと思いたかった。

　大熊町の自宅からはこのごろ足が遠のいている。「家がかわいそう、さび
しがっているだろうなって思いながら」。しかし、「本当は時が止まってる」
空間で、時を刻み続けてきた時計の電池は入れ替えてきた。内山が「家にお
別れする時」は、まだ来ていないのかもしれない。

なんでここ思い出すのかな

　大熊町での暮らしの記憶について、以前内山は次のように語っていた。

　　　防衛本能なのか、大熊の暮らしをかなり忘れてきているんです。本当
　　は忘れたくないのに、忘れてきている。いまの暮らしがとくに不自由な
　　いので、これでよしとしようと意識しなくても思っているのか、怒りや
　　悲しさ、つらさとかあまり感じない。自分でも、その部分は不思議なん
　　だけど。防衛本能で、自分のなかにうまく調節する機能が備わっていて、
　　そうなってるのかもしれないです。(2013.7)

　　　(大熊のことを) 思い出すことは、前よりも多くなった。かなり忘れて
　　いるんですけど、部分部分で憶えているところは思い出す。とってもな
　　つかしくていい場所。思い出になってきてるんでしょうね。思い出しま
　　すね。(2015.6)

今回のインタビューでは、同じ質問に対してこう答えてくれた。

　　　いまも思い出します。ふとした時に、なんでここ思い出すのかなって
　　思うような。散歩してた時に、むこうで歩いてた道を思い出して、ああ、
　　あの道はもう二度と歩くことないんだろうなって思ったりとか。あと、
　　ふとした時に、駅を見れば、子どもたち、こういう駅から電車に乗って
　　行ってたなとかっていう。ふと出てくることがある。(2018.7)

大熊での生活を思い出すとつらくなるので、自分のなかの「防衛本能」が

はたらいて、忘れてきているのかもしれない。そこから少し時間が経つと、なつかしい「思い出」として整理がついてきたので、時々思い出すようになった。そして今回は、思わぬ時に「ふと出てくる」。自分の心の平穏を損ないかねないものだった「記憶」は、時間の経過とともに馴化され「過去の思い出」として距離を置いてながめることができた。だが記憶は、いまでも距離を超えて、ふと意識のなかに浮上してくる。内山が受け止め、抑制してきた「被害」が、抑えきれずにこぼれ出てくるように。

2-3　すべてを受け入れるしかない

　小林理香（仮名、40 代）は富岡町出身の元会社員で、原発関連会社に勤務する男性と結婚し、隣の大熊町に居を構えた[3]。福島第一原発から 4 キロのところにある新築して間もない自宅で、震災時点で中 1、小 5、小 3 の 3 人の娘とともに 5 人で暮らす専業主婦だった。震災当夜は隣人の車のなかですごし、翌日バスで田村市の体育館に避難した。体育館で 3 週間の避難生活を送った後、大熊町役場が移転した会津若松市内の旅館に移り、およそ 3 ヶ月滞在する。その後、会津若松市内の借り上げ仮設住宅で 8 ヶ月ほど暮らし、2012 年の 4 月から夫の転勤先である柏崎市に転居した。

失ってないものはない

　小林が会津若松から柏崎に避難先を移したのは、当時中学生の長女が、おそらくは震災と避難生活の影響で病気になったためである。自分一人では子どもたちの面倒をみていくことが難しくなり、夫のいる柏崎への転居を決めた。PTA などでつながりのあった大熊時代の知り合いや友人が、柏崎に多数避難していたことも理由である。だが、子どもたちにとっては転校の負担も気になる。そうしたことも含めて、「心配じゃないことのほうが少ない」。

　大熊での暮らしをあらためて振り返ってみると、いい面しか思い浮かばない。自分の子どもだけでなく「同級生のだいたいの子を知っているような雰囲気」で子育てをしてきた。人間関係もよかったし自宅も環境も気に入っていて、「文句なんか一つもなかった。わたし大熊に嫁に来て本当によかった

と思ってた」。もちろんそうは言っても、「しがらみ」を感じていた部分も
あった。

　　学校の役員にしても町内会の役員も、そういうしがらみが全部なく
　　なったことで、ちょっとスッキリした。しばられるものが何もなくなっ
　　ちゃって。帰る場所ももちろんないけど。……でもそんなの、なくした
　　ものに比べたら比べられない。……失ってないものはないっていう感じ
　　です。継続できているものがないからね。あきらめているけど、未練た
　　らたらっていう感じ（2013.4）。

　小林は、柏崎に住まいを移してからも、長女の病気に悩んできた。そんな
時に救いの手をさしのべてくれたのが、個人の立場で避難者支援を行ってい
た柏崎市の「サロンむげん」の主宰者だった[4]。親身に相談に乗るだけでな
く、福島県からの派遣教諭に連絡をとるなど専門機関とも連携して支援にあ
たった。ほかには、大熊町の同郷会「あつまっかおおくま」、なかでも同世
代の母親たちとのつながりが、避難生活を支える重要な役割を果たしてきた。

やっと自分の選択が間違っていなかったと思えるように

　2015 年のインタビューでは、今後の生活の見通しについて話を聞いた。
三女が高校を卒業する 4 年半後までは柏崎での生活を続けたいと考えている。
しかし子どもが卒業した後は、「もう私がここにいる理由はなくなる」。夫や
自分の両親は、すでに郡山市といわき市に自宅を購入した。「親は当然福島
に帰ってくるものと思っているけど、いまの福島の状況をみると、帰る場所
かな？っていう気がするんです」。それは次のような理由による。

　　賠償でいがみあっている福島県民の話を聞かされたり、いわきなんか
　　とくに病院でも道路でも恐ろしく混んでいるとか、とにかくいい話が聞
　　こえてこないんです。だから行きたいって思うところがない。むこうで
　　は大熊から来たことを隠して生活している、という話を聞くと、いや

ですよね。なんで素性を隠して生活しなければいけないのかわからない。私はそういう生活はしたくないので、いくら親が「帰って来い」と言っても「いや、いいです」という感じかな。(2015.6)

　柏崎の気候は福島県の浜通りとは大きく違うので、移住する気にはなれない。だから、4年半後にどうするかはまだ決めかねている。周囲にいる避難者も、これからどうするかをみんな悩んでいる。「こっちに家を建てると決めて、もう建て始めている方でも悩んでいます。これでよかったのかなって」。避難先に自宅を建てても、それで定住という感じにはならない。小林は、大熊町のことを懐かしく振り返る一方で、その将来については厳しい言葉を連ねる。

　　大熊町はもうすべて解散にしたらいいと思います。すごくいい町だったけど、あの時には絶対に戻れない。……もうそれぞれが、それぞれの道を歩むべきではないかな。あの状態に戻れるんだったらもちろん戻りたいです。お金なんかいらない。……毎日のように会って、当たり前のようにつきあってきた方と、もうきっと一生つきあえないということはすごく寂しいです。また明日ねって言った仲間にもう会えない。あの一瞬で、もう明日がなくなってしまった。(2015.6)

　小林自身は、長女の病気もきっかけとなって心理カウンセラーの資格をいくつか取り、それをもとにこれから子育て支援の活動に携わろうと考えている。柏崎に避難してきた当初は「怖い顔」をしていたようだ。当時は「がんばってて必死さが顔に出ていた」のかもしれない。「去年ぐらいです。やっと自分の選択が間違っていなかったと思えるようになったのは。いろいろ結果が見えてきたり、子どもたちの言葉を聞いて、福島から出てきたことは間違ったことじゃなかった、やっぱりこっちに来て正解だったと思えるようになりました」。

　とはいえ、いまの時点で自分が「復興」したかと問われると迷いもある。

一方で、「私的には復興していますよ。もう何も引きずってないです。大熊の家をみたら『もう住むのは無理』という感じであきらめもついたので、新たな方向を向いていこうという意味での気持ち的な復興です」。しかし他方では、「住むところもなければ、なんにもない宙ぶらりんな感じなので、それが復興なのかどうか微妙なんですけど。家をもって、拠点が見つかった時点が復興なんだったら、まだノープランですね」。

でもやっぱり宙ぶらりんなんです

　柏崎に避難した当初は、一番下の子どもが高校を卒業する時点で福島に戻る予定だった。帰還困難区域に指定された大熊町に戻ることは難しいが、夫や自分の親・兄妹は福島県内で暮らしており、自分たちもその近くに帰ることを期待されている。だが避難生活も長くなり、最近はその考えに変化が出てきた。避難先での生活が安定してきて、新しい友人もできた。何よりも子どもたちにとっては、大学や就職で離れても「友だちに会いに帰ってくる場所」は柏崎になる。そこに親がいなくなることは、子どもが帰る場所を失うことになる。自分たちが福島に戻ることを「指折り数えて待っている」親たちのことと、自分や子どもの気持ちとの間で、いまはまだ迷っている状態である。

　　福島は帰りたい場所かと聞かれれば違うんです。待ってる人がいるっていうだけです。でも、帰んなきゃいけないんですよ。きっと何年後かには福島にいるんだろうなと思うと、なんか残念だなと思っちゃいますね。……柏崎はそんなに便利というところまではいかないんですけど、足を伸ばせば便利な場所はあるので、視野が広がったなとは思います。田舎に家を建てて自分はもう一生そこで暮らしていくんだろうと思っていたけど、いまとなってはどこに行ってもいいんだっていう解放感がすごく、どこにしようかなみたいな。楽しみでもあり、でもやっぱり宙ぶらりんなんですよね。待ってる人のところに帰るべきだっていう思い半分、楽しい自分の理想のところに行きたいなって思うのが半分で

す。(2018.7)

　人間関係も生活環境も元通りになった大熊町に戻れるのであれば、ぜひ戻りたい。しかしそれが不可能であることは、はっきりしている。そうである以上、福島に積極的に帰りたいとは思えない。自分が暮らす町を自分で自由に選べるとしたら、楽しみでもあり、解放感もある。しかし現実的には、福島に戻っている自分が予想できる。避難してから7年以上経過しているが、理想と現実の狭間で「宙ぶらりん」な感じは継続している。

すべてを受け入れるしかない

　小林の長女は、その後も「保健室登校だったり、学校を変えて通信制にしたり、その時その時でやってもらえそうな、通えそうな、できそうなことをやってきたっていう感じです」。こうした経験も含めて避難生活を振り返り、インタビューの時点での率直な意見を話してもらった。

　　もうここまで落ち着いてしまうと、これはこれでいいやっていうところですね。もしあの時、震災が起きなかったらとか、起きてもあのまま家にいて、その生活を取り戻すことができたらとか、娘が病気にならなかったらとかっていうのは考えますが、考えても仕方ないので、もう本当に率直に落ち着いてるのでもういいかな。過去のことですかね。すべてを受け入れるしかないんだというふうに、自分たちも落ち着いたっていう感じ。……視野が広がって、大熊町にだけにとらわれず、どこに行っても何をしてもいいんだっていう考え方になれたことは、よかったかなと思います。いろんな経験ができたので、それはそれで自分としてはすごくスキルアップになっている気はします。(2018.7)

　最初の避難場所だった田村市の体育館は寒く、会津若松の旅館暮らしは不自由だった。借り上げ住宅に入居して、やっと「人間に戻れた」と思えた。それでも元の暮らしを振り返ると、「失ってないものはないっていう感じで

す。継続できているものがないからね」、「あの一瞬で、もう明日がなくなっ
てしまった」という言葉が返ってくる。その後も、自分の状況に対する肯定
と否定、故郷に対する肯定と否定をくり返しながら、少しずつ自分を取り戻
してきた。

　長女の病気のことでも大変な苦労をしてきた。避難先で、右も左もわから
ないなかで、学校や病院と交渉して、ベストと思われる判断をそのつど下し
てきた。そうした自分の行動に対する自信とプライドが、現状への肯定的な
評価に結びついているのかもしれない。元の生活を取り戻すことができたら、
娘が病気にならなかったら……とどうしても考えてしまうが、それは「過去
のこと」として割り切るしかない。そうしないでいつまでも考え続けていて
は、自分の身がもたない。避難先で長い時間が経過して「落ち着いた」こと
も、過去と現在の切断を可能にしてくれた。

　しかし同時に、「考えても仕方ないので」「すべてを受け入れるしかない」
という小林の言葉からは、心から納得して現状を受け入れている様子はうか
がえない。「視野が広がった」「スキルアップになっている」というポジティ
ブな受け止めの一方で、どうしても割り切れないものが、そこからにじみ出
てくる。

2-4　そういうふうに前向きに捉えて

　南相馬市原町区で農業を営んでいた森下瞳（仮名、40代）は、震災当時中
3、中2、小4の子ども3人と一緒に、夫の義理の弟がいた新潟市に避難し
た [5]。原発事故直後は避難をためらっていたが、15日の夜に信頼していた
同業者から避難するという連絡が来て避難を決意し、翌16日には新潟に向
かった。当初は夫や夫の両親も一緒に避難したが、仕事のために夫は数日で
原町区に戻った。夫の両親も4月に帰還して、それ以降は新潟市内のアパー
トで母子4人での避難生活になった。避難した年の9月に家族で話し合い、
末っ子である次男の高校卒業まで少なくとも8年間は新潟にいることを決め
た。

嫌な思いはいっさいなかった

避難した最初のころから、まわりの人びとに親切にされた。入居したアパートの隣人は、「以前、福島の人にお世話になったから」と言って、温浴施設に案内してくれたり、4月から高校生になり不安を感じていた長男を励ましてくれたりした。子どもを介してできた友人たちは、地図をコピーして近所のお菓子屋など役に立ちそうな店の場所を教えてくれた。「新潟に避難している人のなかにも、嫌な思いをしたっていうのは聞くんだけど、私はいっさいそういうことがなかった」。

小学生の次男は南相馬で少年野球をやっていて、「楽しみな学年」の一員だった。それが震災でばらばらになってしまい、本人もショックを受けていたようだ。避難先のチームにも誘われたが、断っていた。「ほかのチームでプレイしちゃいけないって、自分のチームメイトがいるからできないって思ったみたいです」。あとで連絡を取り合い、元のチームメートたちもそれぞれ避難先で野球を続けていると知って、次男も新潟のチームに入ることにした。森下は、そこでできたママ友とも親しくつきあうことができた。「子どもたちそっちのけで、集まったりしています」。

森下は、原発周辺の自治体からの強制避難者を主なメンバーとする「浜通り会」にも積極的に参加してきた。そこでは数人の同世代の避難者とともに、高齢者の多いグループの活動をサポートする役割もこなしてきた。森下も子どもたちも、突然の避難を強いられたことにより、避難先でそれぞれなりの壁や葛藤を感じることがあったと思われる。しかし周囲の環境にも恵まれ、あるいは周囲の環境を生かして、避難生活を続けてきた。

長男は新潟県内の農業大学校を卒業して、そのまま県内で農業関係の仕事に就いている。長女は、北海道の大学に進学して2019年3月に卒業し、道内でやはり農業関係に就職した。次男も、2019年4月に北海道の大学に進学して森下のもとを離れた。3人とも農業にかかわる進路を選択している。

そんなところに私は帰りたくない

次男の高校卒業を翌年に控えた2018年の夏に、帰還をめぐって夫と話し

合いをもった。森下は次男が親元を離れても、自分は新潟にとどまっていたいという意思表示をした。その年の春に帰還について悩んでいた時に、長男から「新潟にいて欲しい」と言われたことも背中を押した。「重たいのものが、すーっと取れた」気がした。

　「私、正直帰りたくないです」ってはっきり言いました。「住んでる人には申し訳ないけど、私はそこは住むところじゃないと思ってるから」って言ったの、はっきり。それに、子どもたちが年齢的に幼かったから、住める場所じゃないっていうから避難したというのもあったんですけど、「ある程度年数がたって、子どもたちが大人の年齢になったからって、そこは住めるところじゃないでしょ」って言ったの。
　やっぱり（放射線量が）高いっていうのもあるし。だって子どもが戻ってきて、そういう心配があるところで、もし縁があって結婚の話があっても、お嫁さんに来る人いる？　とか思っちゃいますもん。出身が福島っていうだけで、もしかしたら将来結婚できないんじゃないかっていう心配もあったり。
　町場じゃなくて山だし、住宅の 10 メートルが除染の対象だからって、うちは竹やぶや牛舎もあるし。そこまで除染してなければ、山だって目の前にあるので、不安だらけじゃないですか。私が年取って、もうあとはいいよって言ったって、子どもたちが実家に来るでしょう？　いや、来ないでって言いたくなりますもん。「そんなところに私は帰りたくない」って言って。(2019.9)

　南相馬にいる義母や親戚、近所の人びとは、森下本人も子どもたちも、当然戻ってくるものだと思っていた。子どもたちがすべて進学・就職で離れたあとで、一人になっても避難先に残るというのは、相当に重い決断である。上記の理由に加えて、森下の両親が放射線量のモニタリングや裁判などにかかわっていて知識が豊富であること、震災前から夫の両親との関係がぎくしゃくしていたことなども背景となっている。いまも多くのプレッシャーの

なかで、自分に折り合いをつけながら、新潟での避難生活を続けている。

　夫は森下の希望を受け止めてくれて、「戻ってこい」とは言われない。離れているために会話の機会はあまりなく、おたがいに「何を考えているかわからない」ところがある。森下は、「おたがいに、はっきりさせるのが怖い」のかもしれないと感じている。

　森下によれば、「農家の長男の嫁が別居生活をするなんてまずありえない」ことだが、「家の血を絶やさないように、命を守るために」子どもたちと避難したことによって、婚家から離れることができた。そう言いながら森下は、「そういうふうに前向きに捉えて」とつけ加えている。

　　過去には戻れないしなとか思うと、ほんとに。子どもたちだって、井の中のかわずだったでしょうね、あのまんまいたら。選択肢だってそんなに広くなかったろうし、たぶん大学に行くなんて考えてもなかったし。こっちに来たからこそ、勉強する環境だったり、大学に行くっていう選択肢もあるんだよっていうことにも恵まれて。(2019.9)

なんで私、ここでこういうことしてんだろ

　森下は、子どもたちが新潟市に避難したことにより、周囲からも刺激を受けて、進路の選択肢が広がったと前向きに捉えている。だが、自分はこれからどうするのだろう。それに続く言葉からは「ゆれ」も感じられる。

　　ただ、ふと思った時に、なんで私、ここでこういうことしてんだろっていうのはあるんです。でもそれよりも前向きのほうが強いから。ありますよ、だから。何も考えないように別なことする、とかって。いまここにいて、私は新潟にいたいですって言っているけど、でも、ふと一人で、私何やってんだろうなっていう思いはあるけど。でも帰りたくないしなとか。

　　人間関係でいくと、やっぱり戻っている人たちとの関係。話が合うんだろうかとか、なんかギャップがありすぎるのかなとか、やっぱり間が

空きすぎてるから。考え方だったり。いまも婦人部の集まりの案内なん
かが来て、行ってみたいなと思うんだけど。行ったら行ったで、いつ
戻ってくんのって言われるのが嫌だなとか。旦那さん一人で大変じゃな
い？　って。そういうふうに言われるだろうなと思っただけで、もう拒
絶っていうか拒否したくなっちゃう。(2019.9)

　森下は、長期にわたる避難というみずからの選択について、その積極面を
強調する。子どもたちにとっての選択肢の拡大や「家」からの解放という面
に注目すれば、避難を前向きに捉え、積極的に意味づけることができる。し
かしそれは、避難先での懸命の努力がもたらした成果であろうし、長い時間
をかけて自分を納得させようとしてきた結果、至り着いた心境なのかもしれ
ない。だから、ふとしたときに、自分は「何やってんだろう」という思いも
浮かぶ。それを打ち消すように、「何も考えないように別なことする」時も
ある。
　避難先ですごした長い時間は、地元に残る人たちとの距離を広げ、もう話
が合わなくなっている可能性もある。時間がたてばたつほど、今度は帰還と
いう選択肢が狭くなっていくのかもしれない。「なんで私、ここでこういう
ことしてんだろう」という自問自答を繰り返しながらも、避難先で新たな生
活を築いていくための模索が続いていく。

3. 「経験を語ること」の意味

3-1　体験を整理する機会
　南相馬市小高区で建設業を営んでいた後藤素子（50代）の自宅は、東日
本大震災の津波により流失してしまった[6]。それに引き続く原発事故もあり、
後藤は小中学生の3人の男の子を連れて新潟市に母子避難した。その間9ヶ
所の避難場所を転々として、最終的に落ち着いた新潟市の借り上げ仮設住宅
は10ヶ所目になる。

ただゆるくつながっていれば、いつかは戻れるのに

避難前は子どもが通う小学校のPTA会長を務め、地域を巻き込んださまざまな活動を企画してきた。そうしたつながりもあって、新潟市に住んでいても、できるだけ南相馬市や小高区とかかわろうとしている。定期的に南相馬に通い、学校評議員や地域協議会委員の仕事を続けてきた。県外避難者の立場や子をもつ親の立場から、地元の復興再生や子どもの教育環境についての意見も述べてきた。

後藤の地元である小高区福浦地区は、津波による被害と原発事故による避難指示のために住民全員が避難を強いられることになった。後藤は、避難先で心細い思いをしている小学生とその保護者や家族に向けて、毎年クリスマスにカードと簡単なプレゼントを添えた「通信」を発行している。避難者のなかでも、避難を継続するか帰還するか、原発や放射能についてどう考えるかなどについて、考え方は多様だ。そうした保護者たちがストレスを感じないように、「すべてを認めて応援する」という思いをメッセージに込めている。この「通信」について、以前後藤は次のように話してくれた。

> 本当に強制的に避難させられたわけです。子どもたちは地域の子どもという認識で、何かつながる手段をつくりたい。気持ちがすごく不安定だったので、安心して避難先ですごせるように。行政は、離れている人たちを帰還させることが復興と考えがちです。でも、つながっていれば、たったいま帰還しなくても、子どもたちは成長とともに故郷をわかってくる。何かにつけ故郷を意識していれば、いつか帰りたいと思ったり、そこに貢献したいと思ったりする。それが復興につながっていくのではないかと思って始めました。(2013.12)

こうした語りからは、地域や被災者本位の、息の長い復興に向けた考えが伝わってくる。しかし現実には、小高区の大部分について2016年7月で避難指示が解除され、市内鹿島区の仮設校舎などで開設されていた小中学校についても、2017年4月に帰還することになった。後藤の願いとは逆に、復

興過程は住民の十分な議論を経ることなく、短いスパンで進められている。

　　戻そう戻そうと言ってるのが、逆にバラバラにしている。ただゆるく
　つながっていれば、いつかは戻れるのに。南相馬で意見を言うと、「活
　動したいんだったらこっちに戻ればいいんだよ。戻らないんだったら新
　潟で活動したら」と言われるんですよ。どちらかの選択を迫られてしま
　い、つき離されたような気持ちになる……。(2013.12)

　学校の帰還をきっかけとして、転校を選択するケースも少なくなかった。
その後の経過も含めて考えると、早期に帰還をうながす政策は多様な考えを
もつ住民のあいだに分断をもたらす側面もあり、故郷の復興にとってはむし
ろ逆効果になってしまうことがあるかもしれない。

全部の関係性がないただの私になって
　避難先の新潟市でも、後藤はさまざまな活動や仕事にかかわってきた。日
常的に防災について話すことを目的とした「防災カフェ」や、中学校の地域
教育コーディネーター、避難者を対象とした「よろず相談会」などである。
いずれも、新潟市の住民と一緒になって活動を続けてきた。
　今回（2019 年 12 月）のインタビューでは、こうした避難元・避難先での
活動の状況や意味づけについて、これまでとはやや印象の異なる言葉を聞
くことができた。避難元関係の活動としては、小高区の地域協議会委員を
2016 年春で退任した。また、2017 年 12 月に最後の「通信」を発行し、こ
の年度いっぱいで南相馬市の学校評議員も交代した。時間の経過とともに活
動の見直しが必要となったこともある。本人としても、あるきっかけから
「ちょっと広く見ようという感じ」になった。
　新たに福島県の伊達市や葛尾村の小中学校ともやりとりが始まり、地域教
育コーディネーターの仕事の一つとして新潟市の中学校とつなぐ活動も手が
けるようになった。2018 年の秋から、避難者交流施設を使ったパッチワー
ク教室も始めた。2019 年に食生活改善推進員となり、地域の自治会などで

話をする機会も増えた。いずれの場でも、時折、ハザードマップを配布する
など防災の話も織り込むようにしている。

　後藤が自分の活動を見直そうと思ったのは、2年ほど前のある出来事が
きっかけだった。避難先で一緒に活動してきたグループから少し距離を置き、
あらためて一人で動いてみることにしたのである。はじめは不安や孤独を感
じたが、やがて自分を取り戻す手応えを得られるようになった。

　　　ちょっと離れてみたら、私、自分で動けるようになった。ここ（新
　　潟）に来たら全部の関係性がないただの私になって。だいたい新潟の
　　方々にも、私もそんな以前の自分の環境の話、仕事をして、何してって
　　いうことは話してないし、ほんとにゼロからですよね、ここに来て。こ
　　こに来たら全部の関係性がないただの私になって。でも、ただの私だけ
　　れども、だんだん一人で動くようになったら、だんだんと築き上げられ
　　てくる。そうなった時に、結局はもともとやってたような状態になって
　　いく。それを体感できてる感じです、このごろは。だから、この年月で
　　すよね。こつこつやっていたら、一気にその成果が表れた感じ。個人と
　　して、個人と個人の関係がつくられるから。(2019.12)

　震災前の後藤は、小学校のPTA会長として、学校行事などに地域の人を
できるだけ巻き込み、地域全体で子どもたちを見守る雰囲気をつくっていこ
うとした。そうしたことも含めて、また仕事や家族の関係性も含めて「自
分」ができあがっていた。「津波で失ったものは家だけですが、いままで築
いてきた自分自身がまったくなくなって、避難先ですごすのはとても不安で
した。何年もかかって築いてきたものですから」(2013.12)。

　原発事故による避難は、そうやって丹念に築き上げてきたものを一瞬で吹
き飛ばしてしまった。そして新たに、避難先で「ゼロから」つくり直さなけ
ればならなくなった。振り返ってみると、当初は、グループのなかで「避難
者」という役割を与えられ、その枠のなかで活動していた。しかし一度そこ
から距離を置き、一人で動き始めることによって、もともと小高で活動して

いた時の自分が取り戻せてきたことが感じられる。

そういう機会があるから整理できる

　とくに、個人として「話す」機会が得られたことが大きい。中学校や自治会などで話すなかで、大きな一歩を踏み出す手応えを感じることができた。

　　　テレビの映像では震災の様子を何度も流してますよね。流してるけれども、そこにいる私が経験してることで、関心が全然違うんですよね。見てるはずなのになと思って。そういうところで私が自分で語ることで影響力があるとしたら、それはやりたいなと。自治会の定例会で話したら、こんな身近に体験してる人がいて、初めて会ったって。それでずいぶん関心が変わる。やっぱり直接知ってる人が語ることで、関心がかなり違いますよね。その機会がずっと私、なかったんです。(2019.12)

　招かれて話をする際には、聞き手に応じて話を組み立てる。たとえば、食に関心のある人びとには災害時の食事や食料について、学校で話す時は学校や子どもの災害時の状況や災害前の心構えについて、企業で話す時も、その仕事に関連づけて。そうしたいくつかの側面で、「自分が震災を整理する、体験を整理する機会になっていると思います」。このプロセスは、後藤にとって先に進むきっかけになった。

　　　ほんとはそうしたかったという感じですよね。日々そういうことを振り返る、しっかり振り返ることもないし。だから、そういう機会があるから整理できる。やっぱりそこのところがあやふやで、ちょっともやもやもしてた。だから、きちんと整理したかった。
　　　地震、津波で、原発避難になって、ばたばたとすごしてきたっていう感じで、震災からある期間まで、私が私でないような、もやもや、もやもやと、自分の人生を歩いてないという感じでずっといました。だから、そこをすべてにおいて整理して、自分がやるべきことが精査できる。何

をどうしたらいいか、わからない時期がずっとあったんです。手探り状態でいろいろあったのかな。

　当時を振り返ると、（避難前は）小学生、中学生、高校生になる子がいて、そこで生活を、土台がちゃんとあって、仕事もして、地域活動もして。ちょっと将来が見える感じでいて。そこがもうなんにもなくなって。築き上げてきたものが全部なくなって。手当たり次第ではないんだろうけども、その時にやれることをやって。でも、ほんとにそれがやりたいことなのかもわからず、やれることをやってきたっていう感じのもやもやだと思います。(2019.12)

　以前話を聞いた時には、後藤は多くのものを失いながらも、避難先でも自分がやるべきことを着々と進めているように感じていた。しかし今回のインタビューでは、「もやもや」しながら、どうしたらいいかわからない手探り状態にあったと振り返っている。そこから回復し、かつての自分を取り戻すきっかけになったのは、自分の体験を整理して、それを他者に向かって話すことだった。

そう言ってたら前に進めない

　そうやって整理しても、自分で受け入れられる部分と受け入れられない部分があるのではないか。そう後藤に尋ねてみた。

　そう言ってたら前に進めないから、受け入れられない部分は、私としてはあまり引っかからないようにしています。子どもたちがそばにいた生活の時にも、それはすごく心がけていたこと。そうしないと立ち止まって、立ち止まってになっちゃうから。私が目指してきたのは、日常を以前の日常に近いものにしていくことでした。

　内心では、理不尽なものだと思いながら、相談する人もいないし、本音を言える人もいない。理不尽さの内容が、避難者によって全然違います。たとえば、仕事がもう駄目になったって嘆く人がいますよね。でも、

私は原発の関連で仕事をしてきた。だから、そこは言えない部分だった
り。たぶん地元の人とだったら、共有できるところはあるのかなと思い
ます。(2019.12)

　2019 年 12 月の時点で、後藤の長男は大学を卒業して就職し、次男は大学
4 年生、三男は大学 1 年生で、いずれも親元を離れている。南相馬に帰りた
いと思っているが、新潟で暮らしている地域のコミュニティ協議会では役員
を頼まれてしまった。中学校の地域教育コーディネーターも、引き継ぐ相手
を探したり、探してもらったりしている最中である。子どもたちが成人式や
学校の同級会で新潟に戻ろうとしても、自分がいなくなったら困るかもしれ
ないとも思う。どの時点で南相馬に戻るかは、はっきりとしたプランをもて
ずにいる。

　　ここにいること自体が「あやふや」という感じでいるから。みんなに
　　聞かれますよね。ずっとここにいるんですかとか。いや、そういうわけ
　　じゃないですよって私は。誰にでも聞かれますよね。そこのところは、
　　ちょっと地に足を着けてる感じではないけど。でも、2 年前に比べたら
　　だいぶ、わりと安定、気分的には安定している。(2019.12)

　個人として体験を整理し、それを語ることを通じて土台をつくり直し、後
藤は自分を取り戻してきた。それは避難先での確かな一歩となった。しかし、
自分が強いられた理不尽な状況を誰かに訴えて、共有することはできなかっ
た。そうした受け入れられない部分には、意識して「あまり引っかからない
ように」してきたのである。理不尽さと向き合い続けていたら、前に進むこ
とができなかった。
　避難先でも避難元でもアクティブに活動し、豊かな関係を築いてきたよう
にみえる後藤だが、じつは内面ではずっと葛藤を抱えていた。子どもが親元
を離れた現在は、避難を続けるかどうか問われることも増えてきた。意識的
な経験の捉え返しによって「もやもや」を克服していっても、避難者という

立場の「あやふや」さは解消されない。原発避難というできごとがもつ理不尽さが、ここにも現れている。

3-2 誰かに聞いてもらう

三沢敦子（仮名、40代）は、震災当時、夫、小学校5年生と幼稚園児の2人の子どもとともに、福島県郡山市で暮らしていた[7]。原発事故の翌年、2012年春に新潟県下越地方のA市に母子避難し、その次の年には夫も合流した。

ふつうの生活をさせたい

自宅には地震による被害もあったが、小学生の長男が障害をもっていたこともあって、とりあえず遠方への避難は考えていなかった。しかし、震災の年の夏に長男が体調を崩し、病院で検査したところ免疫力が落ちているという結果が出た。避難を考えるようになったが、「障害児なので外に出る勇気がなくて」ずっと悩み続けた。まわりには友だちや実家の両親など手助けしてくれる人びとがいるので、その意味では避難しない方が楽だったからである。

しかし、長男の体調の変化と「ふつうの生活をさせたい」という思いで、避難を決断した。すでに、郡山ではこれまで通りの日常生活を送ることが難しいと感じていたのである。三沢は関西出身なので親戚がいるあたりも候補として考えたが、情報を集めた末に、結局「誰も知り合いのいない」新潟県を避難先に選んだ。長男は中学校、長女は小学校へ入学する2012年の春というタイミングである。ぎりぎりまで悩んだために、福島の学校の制服もすでに用意していた。

A市に避難して1〜2ヶ月ほどで、長男の体調は回復した。だから三沢は、長男の体調には放射線が影響していたのではないかと考えている。しかし医者にそう言うと、「お母さんは神経質すぎる」と「鼻で笑われ」て、否定されてしまう。だから、そうした心配を口に出すことが、どんどん難しくなっていった。

放射線の影響か、もしくは放射線がある場所ですごすことのストレスなのかな。それはわからないけれども、でもストレスであんなにガタガタになるんだったら、そりゃあ大変な話でふつうに生きてもいけない。私のなかでは放射線が原因だと信じているので、だから帰らない。で、いまもここにいる。わざわざそんな危険なところで、リスクのあるところで子育てをするメリットは私にはないので。(2018.7)

A市を避難先に選んだことは、正解だったと考えている。A市は「いい感じにのんびり」していて、学校や教育委員会の子どもに対するフォローがすごくよかったという。避難元と比べても、障害児に対する対応が「すごく柔らかく、手厚い」ので、救われたと感じている。長男は支援学校を卒業し、現在は市内の作業所で仕事をしている。

譲れないものは譲んない

避難を決めた当時は、1年後には郡山に戻るつもりだった。「早く帰らないと私の場所もなくなっちゃうと思った」。しかし、自宅の土を新潟に持ち帰って線量を測ったところ、高い数字が出てきた。夫からも「子どもはもう帰せないね」と言われ、夫が新潟に合流することになった。幸い、夫の仕事は新潟でも続けることができた。

避難してから借り上げ住宅のアパートで暮らしていたが、無償貸与の終了を契機に一軒家に移ることにした。近所には年配の人が多いが、仲良くしてもらっている。家の敷地にある畑にいると、「みんなが寄ってきてお話をしてくださって、すごく楽しいかな。福島からだっていうのは知っているんだけれども、それでもふつうに、ふつう以上にたぶんよくしてくれているんだろうなと思います」。

以前と比べると、三沢の暮らし方はずいぶん変わった。

ちょっと暮らしがシンプルになったかな。震災の後からいろんなちっちゃいこだわりがたくさんできて、「これは選ばない、こっちを」って

いうふうになっていくと、逆にどんどんいろんなものがそぎ落とされた。ただ、生活というか思想というか、あんまり私、表に出ないんですけど、やっぱり出なきゃいけない時は出て話ししなきゃなっていうのとか、あと譲れないものは譲んないみたいな、流されなくなったかなっていう。そういうのが気持ちの上であります。

　食べるものでも、本当になんでも、どこの何が入っているのかが気になるので、全部つくり始めるとか。畑もそうですけど、土から何から全部調べる。A市には市民測定所っていうのがあるんですけど、放射能の。そこで調べて自分が大丈夫と思うものだけで暮らしている感じ。そぎ落とされて、そしてある程度ぎちぎちに固まっているような感覚なのかもしれないんだけど、つねに放射能のことを考え続けなくても済む生活は楽です。(2018.7)

　自分のなかに明確な原則、譲れない一線ができて、その基準に照らして物事を取捨選択する。その意味で暮らしは「シンプル」になったし、人前で自分の意見を言うこともいとわなくなった。とりわけ食べ物については、「面倒くさくて心が折れそうになる」ほどに、産地にこだわる。そうしないと、「放射能に弱い」子どもたちを連れて避難している意味がなくなるからである。気にしない人も多いと思うが、それは「原発の怖さを体験しちゃった人とそうじゃない人の違い」だと考えている。

同じ思いをして欲しくない
　ここで取り上げている三沢の事例は、学生からの質問に答える形で話してくれたものである。学生の「最後に何か、いままで話してきた問題以外に、お話されたいことや率直に言いたいことはありますか」という問いかけに対して、とくに若い人にぜひ伝えたい話として、次のように語ってくれた。

　とにかく他人ごとにしない。結婚して子どもができて、ふつうに生活をしているところに原発がある。それはすごくリスクがあるっていうこ

とを理解しないと、とても苦しい思いをするようになるから。そして、判断をとにかく後回しにしない。何を守らなきゃいけないのか、何をしなきゃいけないのか。私たちは知らなくて、いますごく苦しんでいるけど、その辺を他の人に言えるぐらい理解してもらえるといいな。(2018.7)

　県内に大規模な原子力発電所を抱える新潟県の大学生に対して、他人ごととせずに原発事故に備えて欲しいと話す。たとえば、事故が起きたらどこに逃げるかをあらかじめ考えて、素早く行動に移して欲しい。待っていてもどこからも情報が来ないことを、三沢は今回身をもって経験した。だから事前によく準備して、情報も自分から取りに行かなければならない。

　　「大変だったんだよ」っていうお話だったら誰でもできるんだけど、それだと他人ごとになってしまう。そうじゃなくて、自分たちで考えて、こういう時にはこうしなきゃと思ってもらいたい。とにかく被曝をしないで元気で次のステップに進んでいければ、生きていけるから。最低限、自分を守るためにこのぐらい逃げなくちゃとか、そういうのを、つねにじゃなくてもいいから、ちょっとでも気にしておくと、いざという時に判断するのに迷わないかな。同じ思いをして欲しくないの、大変だから。……
　　たとえば行政は、突然被曝限度の基準値を上げてしまう。だから行政に頼ってやっていくと、それでは自分を守れないことがある。守るための基準をもって、守るための方法を知って、守るために勉強して欲しい。そうしたらうれしいな。ふつうじゃないことをふつうだよって言われるような状況に自分たちが追い込まれないように。逃げるっていうのがすごく大事なんじゃないかな。そうして欲しいなっていう、それがもうマジ。とにかく知って、同じ思いをしないでいてくれたらうれしいな。(2018.7)

　三沢は繰り返し、「同じ思いをして欲しくない」と学生に語りかける。そ

の言葉の背景には、原発事故後に自分がとった行動への悔いがある。「逃げることの大切さもわかんなくて、『うわぁしくじった』と思いました。被曝したし、子どもに被曝させちゃったし、わからないで学校にも行かせた。『学校開いてるからね』みたいな」。

　学校が再開するのであれば大丈夫だと、三沢を含めて多くの人が考えた。しかしそうやって子どもを外に出したことが、その後の子どもの不調につながったと考えている。自分の経験を振り返ってみると、当時の判断に対する後悔と、同じ思いを目の前の若い学生たちに繰り返して欲しくないという気持ちが強くなる。その強い思いが、三沢の語りを動機づけている。

気持ちの「消化」

　三沢は新潟県に避難してから、これまでもさまざまな場でみずからの体験を語ってきた。年に4〜5回ほど、市民グループなどの講演会や勉強会に呼ばれて話した。自分たちでイベントを企画して、そのなかで話したこともある。後日あらためて、人前で「語ること」が自分にとってどういう意味をもつのか尋ねてみた。

　　まず「使命感」だったような気がします。自分のなかでも「これを伝えなくちゃ」っていうのもある。次に起こさないように、みんなに気をつけてもらえるように。ふつうだったら絶対やらないでしょう。なるべく落ち着いて生活したいって思いますけど、自分たちが言わなきゃみたいな、そういうのがより強かった。
　　自分の気持ちの「消化」もする。言って整理をするとか、忘れないようにする。何回も伝えていくうちに、自分のなかで避難をしたことが後ろめたかったりとか、そういう部分が、それでもやっぱりよかったんだって思えるようになってきた。いろいろ思い出したり話したりすることは、しんどい作業ではあるんですけど、それをしてなかった時よりは、たぶん自分自身が精神的に楽になったんじゃないかな。(2020.9)

　人前で話し、伝えることは、被災と避難を体験した自分の責務でもある。そうした「使命感」が強かった。それに加えて、自分にとっての「意味」もある。それを三沢は「消化」と表現している。つらい作業ではあるが、避難をめぐって後悔したり、迷ったりしてきた部分を整理し、それによって自分を肯定することができた。この「消化」や整理を、自分の内側ではなく、「誰かに聞いてもらう」ことを通じておこなうことは、何をもたらすのだろうか。

　　自分のなかのいろんな気持ちのわだかまりも、一つ一つ解決に向けて自分で考えて言葉にして、っていう感じで。発言の場があって、言葉に出して、聞いてくれる人の反応を見て。あんまり重たい話をすると「重たい」って言われるんですけど、その「重たい」っていう反応も自分に返ってくるのが、やっぱり違うのかな。

　　最初は感情がぐっちゃぐっちゃ入っちゃって、泣きながらしゃべったりとか、あまりいい感じの話し方ではなかったんです。悲しいだけの話にしないで、次につなげなくちゃということで、どんどん自分の気持ちが変わっていける。なので結局、つらい話、こんなだったよっていう経験談、その先に、今度こういうことがあったらどうするとか、次はこうして欲しいとか、そういう話にだんだんシフトして行きました。

　　自分一人で考えていると、なかなかそうはならなくて、ぐるぐるぐるぐる同じところをまわっているような感じだったんじゃないかな。声を出して、相手に伝えて、聞いてもらって、反応を見てっていうその辺で変わったのかなって思います。(2020.9)

　自分の内部で「自問自答」を繰り返していると、どこかで行きづまってしまう。三沢の場合は、聞き手の反応を見ながら、話の内容が変わっていった。つらくて「重たい」話は、ともすると個人的な話、泣ける話として他人ごととして消費される（場合によっては耳を傾けてもらえない）かもしれない。経験から教訓を引き出し、（大学生に話してくれたような）「備え」の話にシフト

することによって、聞き手にとってより共有可能な内容になる。こうした相互作用の空間で、個人的な経験が社会的な意義をもつ。それは話し手にとっても、自分の感情を整理し、経験を客観視して「精神的に楽に」なることにつながる。

その一方で、この先の生活をどうするか三沢は決めかねている。障害をもつ長男のことを考えると、身内のいない新潟でずっと暮らしていくことには不安がある。自分たちが年を重ねていった時に、「孤立状態」になってしまうかもしれない。自分の親も高齢になり、最近病気で倒れたこともあった。だから、介護の問題もこれから考えていかなければならない。下の子が現在中3なので、高校を卒業して親元を離れるまでは新潟にとどまることにしたが、その先のことはわからない。「希望としてはずっと新潟にいたいんですけど、節目、節目で状況が変わるので。なんか落ち着かない感じです」（2020.9）。さまざまな条件のもとで、これからも繰り返し判断を迫られることになる。

4. 新たな「つながり」を求めて

4-1　自分を認めてあげられる

宮田早紀（仮名、50代）は、郡山市で夫と3人の子ども（原発事故時点で小5、小1、3歳）との5人暮らしだった[8]。夫は会社員だったが、体を悪くして退職し、震災の2年前に福島の食品を扱うネットショップを立ち上げていた。宮田は、IT系の会社に勤めつつ、パステル画を教えていた。夫婦とも郡山市の生まれで、2005年に自宅を購入し、郡山でずっと暮らしていくつもりだった。

何かあったら国が守ってくれるはず

地震によって家の壁にひびが入り、断水も数日続いたが、なんとか自宅ですごすことができた。原発事故よりも余震による住宅の被害が心配だった。他県に住む友人からは「外出を控えたほうがよい」というメールが届き、ま

とめて買い出しをしようとスーパーに出かけた。そこには食料品がほとんどなくて驚いた。念のために、車のガソリンも満タンにしておいた。体調が優れなかったこともあって、基本的に家のなかですごしていた。

　震災から 10 日後くらいに、県外から来た「放射線健康リスクアドバイザー」の講演がラジオから流れてきた。内容は、「子どもを外で遊ばせてよい」「笑っている人には放射線の影響はない」「100 ミリシーベルトまでは大丈夫」という「アドバイス」だった。

　　ラジオで聞いてしまって、なおさら大丈夫って思っちゃったんです。この人の話、すごい元気出ちゃったみたいな感じで。お友だちにまで勧めるぐらい。大丈夫なんだってって言って。なんかスギ花粉のほうがひどいらしいよみたいな感じで、まるっきり信じちゃったんです。だから、子どもたちを遊ばせちゃった。それまでは外に出さなかったんですよ。でも、遊んでいいって言うもんだから、外に出してしまった。その情報を聞いて。(2019.12)

　4 月になると、自宅の隣にある高校の部活動も始まり、ますます大丈夫だと思った。学校の始業式もあり、「国がそんな危ないところに子どもを通わせるはずがない」と考え、子どもたちを通学させた。その時には、マスクと帽子、ナイロン製のジャンパー、長袖長ズボンで登校させるようにというプリントが配布されていたので、学校でも「危ない状況というのはわかりながら」だったはずである。友人から、洗濯物を外に干してはだめだと言われた時も、県のホームページには大丈夫と書いてあると「反対に教えてあげたつもりだった」。

　　そのお友だちに、「あなたしか守る人はいないんだよ、子どものこと」って言われて。いやいや、でも何かあったら国が守ってくれるはずだから。救済してくれるだろうし。仮に子どもたちが病気になったら、国がちゃんと面倒見てくれるでしょってことを私言ったんですよ。国の

ことをそれぐらい私は信頼してたんです。

　そしたらお友だちから「水俣病のこと知ってる？」って言われて。知ってるよって答えたけど、うち帰ってネットで調べたんですね。私が知ってるのは、教科書のなかだけの水俣病だった。調べたら何も解決されてない、救済もされてない、まだ裁判はやってる。それを知って、守ってくれないっていうのが初めてわかったんですよ。

　で、そこから調べたんです。どのぐらい郡山は汚染されてるんだろうって調べだしたら、もうすごい。チェルノブイリのことでいうと、もういちゃいけないぐらいの汚染だった。やっと自分がどこにいるのかがわかって。でもまだ信じ切れてないところがあって、それでも大丈夫なんじゃないかって思ってたんです。それが4月末だったんですけど。
（2019.12）

もうここにはいちゃいけない

　5月の連休明けになって、原発はじつはメルトダウンしていた、SPEEDIの予測は隠されていたという情報が出てきて「これはだめだと思った」。ちょうどそのころ、チェルノブイリの10年後を描いたNHKのドキュメンタリー映像を見る機会があった。そこでは、10年たっても汚染が残り、毎日人が死んでいく現実が映し出されていた。とくに当時3歳だった女の子が、10年後に小児がんを発症し、まもなく亡くなってしまうできごとには衝撃を受けた。「うちの娘が3歳なんです。もう娘と重なって、10年後にこの子が死んじゃうかもしれないって思ったら、もう泣いて生活するしかなくて」。

　6月初めにガイガーカウンターを借りて、自宅周辺の線量を測ってみた。「もしかしたらうちは大丈夫なんじゃないか」という期待もあったが、発表されていたものよりも悪い数字が出てきた。「それで、もうここにはいちゃいけないって思って」。夏休みを利用して、男の子2人は、沖縄に保養に行くことになった。宮田と娘は北海道での保養が決まった。

　とりあえず夏休みの居場所は決まったが、2学期からどうするか。考えていたところに、借り上げ仮設住宅制度の発表があった。はじめは母子避難の

つもりだったこともあり、郡山との行き来に便利な新潟市の物件に決めた。保養に参加したことで、夏休みは家族が3ヶ所に別れて生活することになった。家族がバラバラでいるきつさを味わったことで、夫も含めて全員で新潟に避難することにした。夫は、立ち上げたばかりの店と持ち家をあきらめきれない様子だったが、新潟から福島に通うことで仕事も続けていくことになる。9月の新学期に合わせて引っ越し、長男と次男は新潟市の小学校に転校した。

　引っ越してすぐは、新潟市に避難者の知り合いがいなくて孤独だった。メーリングリストやツイッターのつながりで少しずつ顔を合わせる機会が増え始めたころ、避難者交流施設「ふりっぷはうす」が開設された。「ふりっぷはうす」は、避難指示区域外からの避難者、とくに母子避難の人びとが主な利用者だったので、「そこに行けばみんなに会えるようになった」。宮田は自宅で仕事を続けていたが、時間の自由がきいたので、つながりと情報収集を目的として毎日のように顔を出した。「そこでできたつながりで、いまがある。私にとっては実家みたいなよりどころでした」。

私たちがどれだけの思いで全部捨ててきたのか

　宮田は、そうしたつながりをもとに、避難先でさまざまな活動に取り組んでいくことになる。2013年から新潟市内のクリニックで、福島からの避難者を対象とした「こらん処よろず相談会」が年2回のペースで定期的に開催されている。宮田は、立ち上げの時から中心メンバーとしてかかわってきた。そもそもは、国も東電もあてにならないので、水俣病のようなことにならないように被曝に関するデータをとっておく必要がある、そういう話が関係者から出ていた。慣れない土地で不安を抱える避難者にとっても、甲状腺の検査を受けたり、健康について気軽に相談できる場が必要だった。

　この相談会では、健康相談に加えて法律相談、生活相談、ヨガ教室などのプログラムを含んでおり、食事も提供して交流の場ともなっている。新潟市からの避難者向け情報で告知し、避難指示区域外からの母子避難者を中心に毎回40〜50名ほどの避難者が訪れる。宮田はスタッフとして相談会の運

営に携わってきたが、子どもの様子などに不安を感じていた自分自身にとっても必要な場だった。

宮田は、原発にかかわる2つの裁判で原告団に加わっている。一つは、2012年に提訴された、東京電力柏崎刈羽原子力発電所の運転差し止め訴訟である。立ち上げの集会の時に、パネルディスカッションで話をした。もう一つは、2013年に新潟県への原発避難者によって提訴された、損害賠償を求める集団訴訟である。宮田は、後者については最初は難しいと思い参加しないでいたが、夫の方がやる気になって3陣か4陣で原告になった。本人尋問でも話すことになった。

　私、訴えてよかったなって思うのは、子どもたちの苦労とか、私たちがどれだけの思いで家を捨てて故郷も捨てて、全部捨ててきたのかというのを、とくに子どもたちが苦労したことを、言える場があそこしかなかった。だから、それができたのは私はよかったなって。じゃなかったら、どこにも言う場所も知ってもらう場所もないことだったから。それはほんとによかったなって思いましたね。(2019.12)

一人でも多くの方に知って欲しいから

ちょうどそのころに、裁判を成功させるためには新潟水俣病の取り組み、「ノーモア・ミナマタ訴訟」から学ぶ必要がある、という話が出てきた。新潟水俣病の関係者からも、協力の申し入れがあった。それを受けて、2017年9月に「福島原発避難と新潟水俣病 協同のつどい」が始まった。宮田は事務局のメンバーとなり、最初の会では登壇者を務めることになった。宮田にとっては、水俣病の問題は自身が避難を決めた「原点」でもある。しかし宮田が調べたのは熊本の水俣病のことであり、新潟水俣病については、隣県であるにもかかわらず学校で教わった記憶がない。

　隣の県なのに、無知というより無関心だった。隠されてる部分もありますよね。患者さん自身も発言できなかった、家族同士でも隠してたっ

ていうぐらいのことだから、なかなか広まっていかない部分もあったのかな。裁判っていうと、いまはこうやって関わってるから、なんでみんな知らん顔するのとか思うけど、でも自分が知らん顔でしたもんね。関係ない場所のことっていう感じだったんだけど、本当はそうじゃない。

　でも、あれだけ大きい事故が起こって、これだけの被害があって、どうしようもなくなってるのにもかかわらず、変わってないことにちょっとびっくりなんです。この 9 年間は。だから、よけいそれを知れば知るほど、こういうことは知らせなきゃいけないというのがあって。一人でも多くの方に知って欲しいから、この「つどい」も続けてこられてるかな。(2019.12)

　この「協同のつどい」は、初回以降、年に 2 回ほどのペースで開催されている。毎回、原発避難関係、新潟水俣病関係の双方から話題提供があり、たがいの経験を共有する貴重な場となってきた。宮田は、若い人の参加が少ないこと、原発避難者の側の参加人数が少ないことが課題だと考えている。しかしせっかくの場なので、今度はもっと人が集まるような企画を練りたいと思う。

やっぱりまだまだ答えは出なくて

　話を聞かせてもらったのは、宮田が新潟で避難生活を始めてから 9 年目に入ったあたりである。この時点であらためて、避難により失ったこと、奪われたことについて振り返ってもらった。

　やっぱり、すべて奪われてしまった。それまで思い描いていた未来を全部奪われました。家を買って、お墓までもってきたんですよ、小樽から。夫の父親が小樽出身なんです。主人が一人っ子だから、郡山にもってきて、ゆくゆくは私たちが見るんだからって。そこにもう骨を埋める気で。(2019.12)

郡山に引っ越してきた当初は「ご近所トラブル」もあったが、ここでずっと生きていく覚悟でていねいに近所づきあいを続けた。長男が小学校に入ってからは、学校や子ども会の役員をやり、町内会関係の役員も引き受けてきた。「とにかく地域に根づかなきゃいけない、地域とうまくやっていかなきゃいけない。子どもたちがここで育つんだからって、一生懸命土台づくりをして」。

学校に行けば、先生方の顔もすべてわかるようになった。近所の環境もよく、桜が美しく咲く公園と散歩コースもあった。「そこを私も、孫と一緒に散歩するのが老後の夢でした」。そうやって築きあげてきた地域の人間関係や将来の計画、夢も「全部ゼロ」になってしまった。

それは子どもたちにとっても同じだった。長男は郡山の小学校ではリーダーシップをとるタイプだったが、新潟に来てからはいじめを受けるなどで、関係づくりが思い通りにいかなかった。それで人前に出るのが嫌になり、人と話すのも避けるようになってしまった。次男もずっと「福島に帰りたい」と言っていた。自分の身の置き場がなく、いらいらしていて、精神的に追いつめられていった。

　　避難がなければ経験しなくてもよかったことを経験してきました。だから、いまだにそういう話をする時に、「たられば」は言っちゃいけないんだけどって言いながら、向こうにいたらどんな中学校生活があったかな、どんな生活があったかなっていうのは、つねに言ってますね。「たられば」はないんだけど、でも「もしも」って思うよねって言いながら。つらさが増してしまうけど、それを考えないようにすることはできなかったから。(2019.12)

集団訴訟の本人尋問では、自分たちが受けた被害の側面を「どんどん掘り起こしていく作業」がつらかった。「それがないと伝わらないし、それをすることによってまた整理はできるので、悪いことばかりではない」と思いつつも、きつい作業だった。

　この子たちの苦労をそこで言えるのは、私しかいないからっていうのはある。でも、そういうのを数えてしまったりとか、なくしたものをじっくり見たり、傷口を見だすとやっぱり切ないですよね。どれだけ大きなものがなくなったんだろうとか、奪われてしまったんだろう。あと奪ってしまったんだろう。親として奪ってしまったものもあるから。親じゃないと選択できないから避難したけど、でもそれによって奪ってしまったもの。でも奪ってよかったのかっていうのは、やっぱりまだまだ答えは出なくて……（2019.12）

よかった探し

　こうやって自責の念にとらわれてしまうと、本当に出口がなくなってしまう。だからふだんの生活のなかでは、意識的に「よかった探し」をするようにしてきた。とくに夫が病気になってからは、そう心がけている。子どもたちとの会話でもそうだ。

　　奪われたものはすごく大きい。ただそこだけ見てしまうと、やっぱり絶望しかなくなっちゃうから、「こういうことがあってよかったよね」って、その「よかった」の方を多くするような感じの会話に、みんなでしてます。……あとは、避難したからこそのいまの出会いだから。尊敬できる人に出会えた。そういう人たちといまつながっていることが、一番の宝物かなって思います。不幸中の幸い？（2019.12）

　そうした出会いのなかで、宮田は避難先での活動に取り組んできた。本人としては、人前で話すことは苦手だし、葛藤も迷いもある。イベントの前日に緊張で眠れなくなることもあり、もっとふさわしい人がいるのではないかと思ったりもする。だがその一方で、達成感や充実感もあり、活動していることで「自分の身の置き場所」を感じることもできる。生活に目標もできた。

　　やらせていただいてる感じなので、そういった意味では前向きに生き

ていけてるのかな。ゼロじゃない、何かしらやってるみたいな。その活動が、何かにつながって貢献できればいいな。子どもたちの将来のためにも、差別や偏見をなくしたい。喪失感だけではなくて。なんにもできてないんだけれども、何かしらそうやってかかわってることが、イコールちょっと安心感にはつながってる。

　できてることは小さくても、何もしてないわけじゃない自分を認めてあげられる。じゃなかったらたぶん、(自分を) けなしてますよね。子どもたちに、これでほんとによかったのかとか。マイナスなことばっかり考えてたら、きっと病気になってると思うし。

　やればやっただけの収穫はあるんですよ。「つどい」もそうですし、なんにしたってそうなんだけど。やればやっただけの、得がたいものを得ているなっていうのは、つねに思います。なので、たぶんこうやって、やってこれてる。(2019.12)

　宮田は、原発事故後に自分がとった行動を、ひどく後悔してきた。信じていたものに裏切られた衝撃で、自分で情報を集め、避難を決意した。過去の自分を振り返ると、原発に無関心で、公害などの裁判にも「知らん顔」だった。そのために、国や自治体の情報を無批判的に信じてしまった。そうした自分に対する反省や後悔が、いまの避難先での行動を方向づけている。

　それにしても、事故と避難によって奪われたものはあまりにも大きい。思い描いていた未来を失い、避難先でゼロからスタートせざるをえなくなった。自分の選択に対する迷いは、いまでもある。だからこそ、被害について掘り下げ、整理し、伝えるとともに、日常生活の上では「よかった探し」を心がける。相談会や「協同のつどい」などの活動は苦労も多いが、新たな仲間との出会いとつながりをよろこび、「自分を認めて」あげる場でもある。

4-2　避難者をつなぐ「ゆるい運動」

　富岡町で IT 関係の自営業を営んでいた市村高志 (50 代) は、妻と中学生2人、小学生1人の子ども、自分の母親ともに東京に避難し、現在も避難生

活を続けている[9]。市村はもともと神奈川出身だったが、両親の故郷の近く
であった富岡に移住し、知らない土地で「覚悟をもって」生活を築いてきた。
仕事も友人との関係も PTA などの地域活動も、一つずつつくりあげてきた。
「住もうと思った努力一つ一つが、突然奪われた感覚があるんですよね。自
分の努力を無にされた感覚です。しかも、なんの落ち度もなく」。

親として、あれはきつかった

　震災の翌朝、富岡町から避難指示が出され、情報不足のために、住民は
「蜘蛛の子を散らすように」バラバラに避難するしかなかった。市村たち家
族は町が用意したバスで隣の川内村に避難した。通常は 20 分程度で行ける
距離だったが、避難する車で渋滞し、6 時間ほどかかった。その日の午後、
避難所のテレビで一号機が爆発するシーンを見て、もう家には戻れないと直
感した。
　川内村の避難所では、家族で少ない食料を分け合ってすごした。同じ部屋
の隣には、母親が配給を受けるため不在で、きょうだい 2 人が残されていた。
泣き続けている幼稚園児の下の子を、小学生の兄がずっと抱いて寝ている姿
が切なかった。その反対側には高齢の女性がいて、一緒にいた「お嫁さん」
に「いつ帰れるんだ、ここにいたくない」と 1 時間ごとに尋ねていた。もう
帰れないことは予想できたので、見ていてつらかった。
　市村自身も、飼い犬に 1 週間分くらいの餌を置いて、自宅につないだまま
にしてきた。自宅を離れる時は、すぐに帰ることができると思っていたから
である。しかし避難所に来てすぐに、もう帰れないことを理解し、家族にも
告げた。息子はずっと、「お父さん、頼むから犬を迎えに行ってくれ」と言
い続けたが、車もなく、不可能だった。「どうにも、頼まれてもできないふ
がいなさ。親として、あれはきつかったですね」。
　16 日には、今度は川内村にも全村避難の指示が出た。北茨城に避難して
いた知り合いが車で助けに来てくれて、市村たちはそこの避難所に入った。
その後、東京にいたいとこ連絡が取れ、迎えに来てもらって東京に向かっ
た。避難先を自分で選択したというより、友人や親戚の協力で、結果的に東

京に落ち着くことになる。

　ここに至る避難のプロセスは、苦難の連続だった。目に見えない放射能により避難を強いられることは「不可解」だったし、その一方で特殊装備の人びとに特殊車両で誘導されることから、早く逃げなければならないという「変な恐怖感」にとらわれる。漠然とではあるが、「そこに本質的な危険がある」ことは理解できた。絶対に爆発することなどないと思い込んできた原発の爆発映像は、非現実的でショックだった。

責任を取らせなきゃいけない

　市村は東京に避難したあと、富岡町の友人たちと連絡を取り合い、「とみおか子ども未来ネットワーク（TCF）」という組織を立ち上げる。原発事故から11ヶ月が経過した2012年2月11日だった。避難を強いられた町民が発言する機会もないまま、復興政策が進んでいくことに対する疑問が根底にあった。そこでTCFが中心となって、避難者の声を聞く「タウンミーティング」事業を各地で開催した[10]。そこで集約した声を整理して、政府や町に向けて発信する「とみおか未来会議」を「公開討論会」で2013年に開催した。しかしその後の復興政策は、必ずしも住民の意志を反映した形では進んでいない。

　とりわけ、政策の主軸をなしている帰還政策について、市村は疑問を感じてきた。市村も、「気持ちだけ言うなら、帰りたいと思っている」。しかしそれは、いまの状態で元の自宅に戻って暮らすということではない。「原発事故のなかったあの地域に戻るのであれば、帰りたい」ということだ。その意味で、東京電力や国が「責任をとる」ことが重要である。

　　責任を取らせなきゃいけない。責任というのは、たとえば物を壊したら、ちゃんと直してください。直さないんだったら、同じ物を買えるだけのものは対応してください、と思います。……（帰らない理由で）自分のなかで一番順位が高いものは、第一原発自体が、まだ安定的な処理ができてない。それが終わってないのに帰れるわけがない。あと、「（ま

た事故が起きたら）避難どうするの」って聞くと、「がんばります」みたいに言ってるところには帰りたくないですね。あの避難という経験は、もう二度としたくないです。(2018.7)

　誰も取るべき責任をとらず、廃炉のゆくえは不透明で、住民の避難についても十分に検討されていない。にもかかわらず帰還がうながされる現状は、許せないと感じている。

私のことなんだけど、みんなのことを話してる
　市村のここまでの話は、大学生からの問いかけに応じる形でなされている。活動や講演でとくに心がけていること、伝えたいことは何か、という質問には次のように答えてくれた。

　　私のことなんだけど、みんなのことを話してる。今日聞いてる皆さんの話をしてるっていうのを、心がけてしゃべるようにしてます。私は、避難者になるべくしてなったわけじゃないです。たぶんこのなかでも、俺は避難者にならないよねって思ってる人、いると思うのね。でも、そんなことないです。僕もうちの家族も、みんなそう思ってましたから。どのタイミングかわかんないけど、皆さんにも起きるかもしれない。……
　　だから、自分のいまの生活が奪われることなんだよ、って言うようにしています。たとえば、「はい、いまから帰れません」ってなると、大好きだった漫画が家に残っているけど取りに行けない、親にだだこねて買ってもらった洋服を取りに行けなくなる。それがある日突然起こる。それで、避難が始まって 7 年間ですよね。生活が突然奪われるんだってことを、伝えるようにしています。(2018.7)

　市村は学生に自分の家や部屋のことを思い浮かべさせ、そこに置いてあるさまざまな品々を二度と手にすることができなくなること、そうした品々と

ともにあった暮らしを突然奪われること、を想像するようにうながす。自分の身にたまたまふりかかった原発事故を、彼らに他人ごととしてではなく「自分の話」として聞いてもらうための工夫である。

　今回の原発事故と避難により、さまざまな「分断」が生じた。そのなかの一つに、当事者（避難者・被災者）とそれ以外の分断がある。当事者は、非当事者による誤解や偏見、不理解、無関心にさらされてきた。市村は、こうした分断に抗し、なんとか両者をつなごうとして、非当事者である若者に語りかけている。

自分たちが自分たちで分断しないような

　市村は「とみおか子ども未来ネットワーク（TCF）」としての活動を続けながら、これまでのつながりを生かして、さらに幅広いネットワークを構築してきた。その一つが、2018 年から活動をはじめた「311 当事者支援ネットワーク HIRAETH（ヒラエス）」である。北海道、東京、岡山、愛媛、沖縄でそれぞれ活動してきた避難当事者による支援団体のネットワークで、「分断に相対するゆるい運動」をめざしてきた。活動の中心は「キャラバン事業」で、市村によれば TCF のタウンミーティングに近い。TCF の場合は富岡町という避難元による枠組みがあったが、ヒラエスの場合は避難先ごとに避難者や支援者などが集まることが特徴だ。それぞれの会場でテーマを決めてワークショップやセミナーをおこない、その結果を次の会場でも共有していく。「面的にどうやって広げていくかっていう考え方」で活動を進めている。

　市村にとってヒラエスの活動は、TCF で思った通りにできなかったことの「リベンジ」でもある。TCF でも「住民」という面の形にしたかったが、それがうまくできなかった。当事者の間でも考え方の違いが表面化し、活動を広く浸透させていくことが難しくなった。こうした反省に立って、今度は各地の仲間とともに体制をつくり、あらためて活動に取り組んでいる。

　　避難者は、どんどん政府の政策によって分断させられますからね。そ

れで殺されていく状態からのある種の抵抗を、しかも楽しくやっていきたい。いままでのつながりをもっと強化していきながら、当事者っていう形とか、もうちょっと広げていこうって思ってるんですけど。とりあえず、自分たちが自分たちで分断しないような構造をつくろうっていう試みなんです。(2019.5)

　賠償や避難区域の線引き・再編などの政策の影響もあって、時間がたてばたつほど、避難者相互の間でも、支援者の間でも分断が目立つようになる。避難先でまとまろうとしても、内部でぶつかり合い、組織が壊れていってしまう例をいくつも見てきた。どうすればそうした分断を防げるのだろうか。その鍵を握るのは、避難者の「尊厳」なのだと市村たちは考えている。

　　避難者の尊厳を無視するからおかしくなってる。だから、ヒラエスの理念のなかに「一人ひとりの尊厳」っていう言葉を入れたんですね。尊厳をちゃんと守らなきゃいけない。避難者は好きで避難者になったわけではなく、突然なるものです。そうすると、いままで蓄積された社会的地位とか、いろんなものがゼロになるわけですよね。でも、自分の心のなかではゼロじゃないんです。だから、この尊厳を無視されると余計立ち直れないっていうのは肌身でわかってる。一人ひとりの尊厳が守られなきゃいけない。そこから初めて自立に関して進めていくものだろう。それは、誰かに強要されたり、支えられるだけではない。(2019.5)

　市村のいう「尊厳」とは、いまは「避難者」とひとくくりにされがちな人びとが、それぞれの人生のなかで築いてきた固有のもの、を意味しているようだ。そうした一人ひとりの固有性に敬意をもち、尊重していく。そのために、ワークショップなどで避難者の多様な声をひろいあげていく。こうした経験や声に根ざした復興でなければ、本当の復興とはいえないだろう。こうした意味を含みこんで、「尊厳」という言葉が使われている。避難者の尊厳が守られて、はじめてその「自立」を語ることができるのだ。

避難者って言っていい

そのためには、自分たちの活動の位置どりについても工夫が必要だと市村は言う。たとえば活動の目的が「反原発」になると、これまで原発にかかわりながら築いてきた自分の人生が否定されてしまうと感じる人がいるかもしれない。ほかにも、声を上げよ、活動せよといわれると、尻込みをする人も多いだろう。周囲のさまざまな人間関係のなかで、そこで生活していくために発言を控える人も多い。「サイレントマジョリティ。その方が多いのはわかっているわけですから、そこをちゃんとつくろうよっていうのがある」。中間的な立ち位置で、とにかく多数派の避難者を排除しない、避難者を分断しないような場をつくっていきたい。

> （原発事故から）10年を迎えた時に、僕らの存在がどこまで持ちこたえられるのかが一番のポイントだと思っています。このヒラエスの活動で、いろんな人たちに「避難者って言っていいよ」って言ってあげないと、（避難者の）存在がなくなる。被害がないと加害がないという話にたぶん寄与する。避難者がいないと終わったことにされるから、どんな生活してても避難者だと言っていいってしておかないと、解決しない気がします。……
> 　何百人しか帰ってこないんですよっていうと、みんな「そうなんだ」と思うけど、違うよ。ひっくり返して、まだ何万人が避難してるって思ってくださいって言わないといけない。それが戦略的には重要かなと。(2019.5)

避難者の多くは、みずからの被害について語れなくなり、避難者であることさえ口にできなくなっている。市村たちは、こうした多数派の声をなんとかすくい上げたいと考えている。その根底にあるのは、人としての「尊厳」が奪われているという実感である。これまでの人生や現在の存在が無視されている。その意味では、ほとんどの避難者・被災者（避難できなかった人も含めて）は、重大な被害を受けている。いまも繰り返し、受け続けている。

避難区域の線引きやそれと連動した賠償、不十分な除染と帰還政策は、避難者・被災者をバラバラにし、その多数派からは言葉を奪っている。市村たちは、「自分たちが自分たちで分断することをしないような構造」をつくり、分断に対抗する「ゆるい運動」を立ち上げてきた。市村は、解決は「死ぬまで無理だろうけど」と言っているが、その成否は私たち全体の向き合い方にもかかっている。

4-3　真ん中に立つ

　丹治杉江（60代）は、いわき市で夫とともに電気関係の自営業に携わっていた[11]。自宅があったのは、福島第一原発から直線距離で 35 キロほどの場所である。丹治は大学卒業後、東京で仕事をしていたが、結婚していわきに住むことになった。学生時代から平和問題に関心をもち、核兵器廃絶運動などにかかわってきた。いわきに来てからも、原発問題の学習会や住民運動に積極的に参加していた。原発事故の前から福島第一・第二原発のリスクを意識して、もし事故が起こったら「会津方面に逃げるしかない」と夫と話し合っていた。

個人でできる思いつく限りのことを

　東日本大震災の大きなゆれに見舞われてすぐ原発事故を想定し、まだ事故の詳細な情報が報道されない 3 月 12 日に会津地方の喜多方市への避難を決めた。翌日には、ガソリンがないのでストーブ用の灯油を車に入れて（軽油の車だった）、近所の一人暮らしの高齢者も誘い、3 人で喜多方の友人が営む民宿に避難した。それから月末までそこにとどまったが、「早い時期の避難判断はじつに正しかった」。15 日にはいわき市街でも、毎時 23 マイクロシーベルトの放射線量を記録し、屋内退避指示が出たからである。

　3 月末にいわきに戻ってみると、自宅近隣の公民館や体育施設は、津波被災者や原発周辺の地域からの避難者であふれていた。さらに自衛隊の救援隊基地もつくられ、特殊車両が走り回っていた。丹治の自宅は、4 月には電気やガス・水道も復旧しており、屋根や家屋の一部損壊はあったものの、暖か

い布団で寝ることができた。そうした日常をなんとか取り戻しつつある自分
と「体育館で畳1畳の広さで寒さに震えながら暮らさざるをえない人とが隣
り合わせで生活を送っている状況が、私の心のバランスを壊していくんです
ね」。何かしたい、何かしなくちゃ、と大量の卵を買ってきて、ゆでて避難
所にもって行く、大量のバナナを届ける、避難者を自宅に連れてきて入浴を
勧め、せめて温かいものをとラーメン等をふるまうなど、個人でできる思い
つく限りのことをした。

　5月に入ると町もなんとなく落ち着いてきたが、仮設住宅は未だ用意され
ないので、相変わらず体育館は被災者であふれていた。婦人団体と一緒に炊
き出しや洗濯の手伝い、高齢者の病院への送迎など良かれと思うボランティ
ア活動に没頭したが、避難者の要求内容も避難が長くなるとはっきりしてく
る。個人でできる支援の限界と、要求に応えられないジレンマにさいなまれ
る。

　さらに、日本初の原発事故被害は他の災害避難と様相がまったく違う。悲
しいことだが国・東電からの「生活支援金」が住民を分断する。同じ体育
館に避難していても3.11前に居住していた場所や家族構成などで支給額は
まったく異なる。自宅に戻れない被害は同じでも、津波被災者と原発事故避
難者は支援の体系が違う。お金の問題が体育館のなかの空気をだんだん殺伐
とさせてくるのが、痛いほどわかるようになった。いわき市民は、同様に放
射能被害を恐れながら暮らしていても、たとえ避難しても、原発から30キ
ロ圏外であり1円も支給されない理不尽さを感じるようになる。ボランティ
アのなかからも、「避難者はお金もらってるんだから、自分で何とかして欲
しい」という声が聞こえるようになる。それでも不満を抑え込み、代わりに
「避難者はかわいそうなんだ」と支援を続けていると、今度は「自分は偽善
者なのでは」と自己嫌悪に陥った。

だんだん自分がおかしくなってきた

　そんな日々を3ヶ月続けたが、「そうしているうちに、だんだん自分がお
かしくなってきた」。線量が下がらないなか、自分の家の洗濯物は絶対に外

に干さないし、水道水は飲まない。しかし、避難者の洗濯物は体育館の庭に干すし、炊き出しは水道水を沸騰して使っていた。自分は、衣食住のどの場面でもかなり放射線被曝を気にしながら暮らしているのに、近所の人や避難者と話す時には、そのことにふれないようにした。どこかで「しょうがないんだ」と気持ちをごまかす日々が続いたという。

　6月になると、たくさんのボランティアが全国からいわきの津波被災地に入ってきたが、ボランティア保険に被曝リスクに関する項目はない。将来何かあったらと思うと、見ていて不安でならなかった。また、津波や地震で損壊した工場の片づけなどのボランティア活動では、アスベストが心配なので自分はマスクを外さない。しかし暑い時期でもあり、ボランティアたちはマスクをしないで働いている。それでは危ないと事務局に申し入れても、なかなか聞き入れてもらえない。放射能もアスベストも見えない恐怖なのだ。

　こんな悲しいエピソードもあった。ボランティアが帰る時に、片づけを手伝ってもらったいわきの高齢者たちは、「せめてもの謝礼に」とイチゴや菓子などを土産に持たせようとする。しかし、放射性物質がついているかもしれないものを、送迎バスのなかに持ち込むことははばかられるのだろう。少ない年金をやりくりして謝礼とした品物が、バスが立ち去ったあとに山になって残っている。それを丹治たちが「おばあちゃんたちが見ないうちに」そっと片づけるのである。

　そうした繰り返しが、丹治の心をむしばんでいった。「良かれと思ってやっていることが、本質的なことではないのではないか」。「県外の人から見れば、ここは確実に放射能被害地、差別が始まっている」と。突然涙を流すこともあった。

　夫からみても、丹治の様子は、「これはもう駄目だ。このままここで暮らしていたら、精神的に参ってしまう」という状態だった。夫の仕事も風評被害でいわきで続けていくのが難しくなっていた。いわきからの避難を考えざるをえない状況が生じつつあったが「離れるべきか、残るべきか」葛藤が続いた。炊き出しや片づけの手伝い、役所での書類づくりの手伝いなど、丹治にはやらなければいけないことが山のようにあったからである。しかし、外

から応援に来た知り合いも、丹治の様子をみて心配し、一時だけでもと、避難を勧めてくれた。

福島の仲間を絶対に裏切れない

7月下旬に12年間暮らしたいわきを離れ、夫婦で群馬県前橋市に避難した。前橋を選んだ理由は、原発から一定離れていて交通の便がよく、夫が仕事をする上でも適切だったからである。いわきの自宅は、津波で家を失った知り合いに売却した。

　　だから、いわきに帰るところがないんです。でも、恋しいですよね。ほんとうに恋しいです。私も夫も、逃げたことが正しかったのか。よく言われる言葉ですけど、避難する必要があったのか。仲間の人たちを裏切っちゃったなっていう気持ちはずっと引きずっています。いまでも、精神的に追い込まれる時があって。じつは、ゆうべ眠れなかった。何をお話ししようかっていうことよりも、福島のことを思い出しちゃうんですよ。(2019.2)

　いわきに心を残してきたのは、あるできごとも関係している。前橋に避難して約1ヶ月後の8月中旬、車検の手続きのために夫といわきに戻った。その時に友人たちが、サプライズで夫妻との「お別れ会」を開いてくれたのである。市内の結婚式場を借り切った会場に、一緒に活動した人びとが、団体の垣根を越えて100人以上集まってくれた。

　　うれしいというよりつらかった。生涯忘れることはないと思うんですけれど。まだみんな自分の生活再建が大変な時に、出ていく私たちのために実行委員会までつくって準備してくれたことに、感謝というよりは、こんな大切な仲間を捨てて自分は避難をしちゃうんだなっていうのが悲しくてつらくて、自分を責めました。泣きながら、抱き合いながらみんなを送り出したあと、私と夫と2人だけぽつんと残って、「ここの人た

ちを絶対に裏切れない。この人たちを、私たちがどう支援していったら
いいかね」っていうことで、もうそれは決まっていました。福島のこと
を群馬で伝える、福島のことを全国に伝える、福島のことをできる限り
正確に伝える。これが、今日送ってくれた方々に対する、私の役割だと
思って。(2019.2)

　そう決意した丹治は、群馬でさまざまな活動に取り組んできた。その代表
的なものが、群馬県への避難者が原告になって国と東電に損害賠償を求めた
「原発事故損害賠償群馬訴訟」である。丹治は 197 人にのぼる原告の代表を
務め、2012 年 9 月に前橋地裁に提訴した。原告は、区域内避難者と区域外
避難者がほぼ同数だった。本人尋問では、避難を強いられたことによる被害
の様子が具体的に語られる。避難のストレスや生活のすれ違いにより家族が
壊れていく様子、子どもへのいじめや離婚、環境の変化による病死など、つ
らい経験を語る証言が続く。それに対して被告側からは、時として証言者の
人格を否定するような発言も飛び出した。
　前橋地裁では、2017 年の 3 月 17 日に国と東電の賠償責任を認める判決が
下された。その一方で、賠償額については、きわめて低い金額に抑えられて
しまった（原告・被告双方が控訴し、現在東京高裁で審理中）。きわめてプライ
ベートな被害を多くの傍聴者の前で語ることは、それ自体が本当につらい経
験でもある。「自分が一番つらいと思っているから証言してる。その証言に
よって国の責任を認めさせ、賠償させる裁判。被害をお金に換えるのです。
これは本当にみじめです」。そのため高裁に行く段階で、原告の数は半分に
なってしまった。原告に残っても、ほとんどの人は「もう本人尋問はやら
ん」と言っている。ここにも、被害を訴え、語ることを抑制する力がはたら
いている。丹治は地裁で 2 回、高裁で 1 回証言台に立って陳述した。悲し
くつらい証言だった。
　丹治は、群馬の人びとと協力して、2012 年から毎年 3 月に「さよなら反
原発アクション」という大規模な催しを開いている。群馬県にあるさまざま
な団体が、「思想、信条、宗教の違いを超えて、一年に一回、原発問題で手

をつなごう」という集会で、毎年 1,500 ～ 2,000 人ほどが参加する。毎週金曜日の夕方には前橋駅前でスピーチに立ち、「福島を忘れないでください」と原発事故や避難について訴えている（2020 年 9 月に 400 回を超えた）。通行人からは、「賠償金もらっただろう、まだカネが欲しいのか」「資源の少ない日本では原発は必要だ」という声をかけてくる人が大勢いるという。「つまり、福島の被災者には金が出ている。その金は、税金や電気代である。俺たちが負担させられている。だから、電気代が高くなってる。こういう、見えない構図を刷り込まれているんだと思うんですよね」。福島のこと、被災地のことを群馬の人びとに知ってもらいたいと、福島の被災地に案内する視察ツアーにも力を入れてきた。丹治が引率役になって、すでに約 120 回実施している。

折り合いをつけないと、そこでは暮らせません

　全国各地で講演に招かれる機会も多く、インタビューの時点（2019 年 2月）で 150 回近くにのぼっていた。大学で学生を前に話すこともある。「福島のことを群馬の人たちが忘れないように、機会があるごとにスピーカーに」なってきた。その際には、「あまり感情的にならずに、事実を、できるだけ事実として伝えようという立場」をとるように心がけている。講演の謝礼などはいっさい受け取らない。受け取らざるをえない時は、全額福島に送ることにしている。こうしたこだわりは、丹治にとって「真ん中にはさまって、正々堂々としていられる保証書みたいなもの」だという。この「真ん中にはさまる」とは、どういうことだろうか。

　　　みんな、できることならば被曝は避けたいと思っているはずなんです。（福島に）残った人は、ある程度安全なんだと、心の底では思ってなくても、そういうふうに自分をどこかで落ち着かせないと、折り合いをつけないと、そこでは暮らせません。だから、折り合いをつけてるわけですよね。ところが、逃げてきた人間は、あそこはより危険なんだ、より危ないところなんだ、とても帰れるようなところじゃないんだっていう

意識が、残ってる人よりも強い。そう自分に言い聞かせてないと、今度は避難している自分の正当性がないわけですよ。そういうことで言うと、やはり隔たりがあります。私は、その真ん中あたりにいるんです、自分の立ち位置は。(2019.2)

　丹治は、自分の追いつめられた状況もあって避難を決断したが、福島にとどまる人、避難した人の両方の気持ちを理解することができる。だから、被害者である福島県民のなかに分断が持ちこまれ、感情的な対立が激しくなることには耐えられない。なんとかその「真ん中」に立って両者をつなぎたい。誤解を生ませない環境整備をしたい。

　　ただ放射能が怖い、放射能が与える影響はどんなものかなんて、そんなもんじゃないよっていうことですよね。なりわいも、そこで元気に暮らしている人も、どんどんいろんな形で暮らしを根こそぎむしばまれていっちゃうのを、私は自分で体験をしましたから。にわか放射能研究者みたいのがいっぱい出てきて、放射能は危険だって言えば言うほど、被災者の人たちが心震えるわけですよ。あんまり気軽に、「チェルノブイリでは奇形児がたくさん生まれた」とか、「病気発症はこうだったんだよ」なんていうことを言って欲しくない。言われることによって、未来が閉ざされちゃう人がいることを知って欲しい。……
　　福島に暮らす人と避難した人のちょうど真ん中にいる者としては、福島で暮らし続ける人たちの気持ちを考えると、健康に晩発的な被害がありますとか、無責任に言わないで欲しい。でも、事実は事実ですから、継続した検診であるとか医療支援であるとか、そういうものはきちんと続ける体制はつくっていって欲しい。だから、モニタリングポストを全部なくすとか、検診をやめちゃうとか、そういうのは絶対反対です。また、希望者だけの検診にしたら、希望したということは何か疑いがあるんじゃないかってことで差別が始まります。やはり全員に受けさせ続ける、結果は科学的土俵に立って正確に公表することによって差別もなく

なるから、そういう体制を残して欲しい。(2019.2)

その義務が、事故を起こした人にはある

　原発事故の恐ろしさは、「世代を超えて、未来の子どもたちまで不安と恐怖に陥れていく」ところにある。現在の避難者や住み続けている人だけの問題ではない。こうした不安が分断の根底にあるのだし、被害者が被害を語れない、という事態の基盤ともなっている。放射能による影響には、わからないことが多い。だから、福島に残っている人は「心のなかに不安を抱えている」。家族やまわりと放射能の話をすることは、こうした不安を強めることになる。

　　だから、なかったことにはできないんだけれども、見て見ぬ振りをするというか、折り合いをつけざるをえない。あんまり声高に言うことによって、やっとつくり上げたコミュニティがまた壊れていく可能性があるわけです。ここは線量が高いとか、あそこの食べ物は汚染されているとか、あそこのうちは原発で働いているとか。いまはみんな、おっかなびっくり口を閉ざしながら暮らしている。(2019.2)

　国はなかったことにしようとしているし、危険だという情報だけ一方的に出してくる人もいる。雑多な情報があふれ、住民は何を信じていいのかわからなくなってしまっている。危機感に訴える講演会が開催される一方で、オリンピックの聖火ランナーが福島からスタートするのだから「全然大丈夫だよ、みたいな空気感」もある。これではどうしたらよいのか、わからない。そうなると、8年たってやっと落ち着いてきているのだし、いまさら声を上げることは控えたほうがよいのでは、そう多くの住民は判断せざるをえない状況に追い込まれてきたと、丹治はみる。一方で住民も、そうやって「口をつぐんでいる」状態が最良とは思っていない。

　　国が責任をもって、きちんと被災者の健康調査、生活支援、それから

被曝を避けるさまざまな支援をやるべきなんですよ。チェルノブイリ法みたいな法律をつくって、避難や移住の権利も認めるべき。移住するかしないかは原発からの距離ではなく、その人が正確な情報にもとづき選べばいいことです。少なくとも被曝の可能性がある以上は、移住の権利を認めて、住居、医療、教育、それから、なりわい、就職をきちんと保証すべきです。その義務が、事故を起こした人にはある。……国が姿勢を変えない限りは、福島県民は、そこで暮らしていくために口をつぐまざるをえない状況がつくられている。(2019.2)

「復興」が前面に押し出されると、福島の住民はますます口をつぐみ、何も語れなくなる。国は、避難者が減って復興が進んでいるとアピールしているが、丹治によればそこにはごまかしがある。実際は、元の住所に帰れず、元の暮らしに戻れていなくても、仮設住宅を出れば避難者とはカウントされない。たとえ元の住所に戻れたとしても、周囲の環境は一変していて、元通りの生活は取り戻せていない。住民票には多くの原発収束作業員も登録している。そうした状況が、福島県の外にはまったく伝わらない。

こういうことの一つ一つで、福島県民があきらめちゃう

　群馬の人びとの視察に同行して富岡町の廃校になった中学校を訪れた時、一人のおじいさんが話しかけてきた。一人暮らしで、近所の人は誰も戻っていないので、ふだんは誰とも話をする機会がないという。その後丹治は、近くに行くたびにそのおじいさんのもとを訪ねる。会うと手を握って「話してってくれ、1 週間ぶりに人と口きいたよ」と言う。入居していた仮設住宅は期限が来て退去したが、公営住宅などに入る経済的余裕もない。子どもは東京に出ていて負担はかけたくない。だから、自分の家に戻って一人でつつましく暮らしている。「あと数年後に、この老人がどうなるのか、もう目に見えるわけです」。

　それを放置しているのは、人間の尊厳を無視した話ではないのか。そもそも原子力発電所を、過疎の地域に建設すること自体が、事故が起きても被曝

する人が少なければいい、産業がなく被害が小さければいいという発想にもとづいている。たった一人の人の被曝は許されて、数十万人だと許されないのか。それは一人ひとりの人間の尊厳を無視し、命を軽んじていることになるのではないか。

　それを国民がわからないと、福島の人がいくら、さびしいんだよって声を上げても、そのさびしさを、さびしいっていう言葉のなかにある事実を受け取れないんじゃないのかな。そのことを、たくさん、福島の人は知っちゃったんじゃないかなって気がするんですよ。ボランティアに来た人がイチゴを捨てていった時から、「俺たちは、こういう運命なんだ」。そして、Jヴィレッジが、ついこの間まで作業員の集結場だったところが、オリンピックの聖火ランナーがスタートする場所なんだっていう。こういうことの一つ一つで、福島県民があきらめちゃう。
　「日本っていう国は、何を期待しても駄目なんじゃないか」ってあきらめちゃうことが、この間とくに集中して起きてますので、意図的にね。「福島の人、もっと声を上げろ」って言っても、これは無理だろうな。それを代弁するのが私たちの役割だと思って、スピーカーになってるわけです。福島の人たちは、思ってないわけではないけれど、あきらめるわけにはいかないことなんだけれども、どこかでむなしくって、そういうふうに口を閉ざしちゃったのかなって思いますよね。先日友人が言うんです、帰還困難地域の家に2時間帰ってきたと。いまさら何しに？　朽ちていく家のなかで思いっきり大声で泣くために。聞いた私はその場で思いっきり泣いた、悔しい。(2019.2)

　福島の人が被害を口にできなくなっているのは、国や東電の対応に起因するものでもあり、表面的な情報のみに動かされて事実を深く理解しようとしない、私たち国民全体の問題でもある。そうした権力や外からのまなざしのすべてが、福島の人びとを「むなしく」させ、「あきらめ」をもたらしている。しかも、下手に口を開けば対立が表面化し、潜在的な分断の傷口が開い

てしまう。だから、口を閉ざし、目をつぶり、不安に折り合いをつけて、少なくとも表面的には平穏な暮らしを守ろうとしている。そうしないと暮らしていけないことは事実であろう。しかしそれは、住民を持続的な緊張状態に置き、ストレスを強いるものでもある。

　丹治は、こうした状況を理解するからこそ、「真ん中にはさまって」分断をつなぎ、福島の人びとの代弁者の役割を果たそうとしている。そのバネになっているのは、震災後のいわきでの支援活動とその挫折、自身の群馬への避難だった。それが丹治の覚悟を生み出し、立ち位置を定め、並外れた活動のエネルギーとなっている。

5. むすび――経験をつなぐ

5-1 「折り合いからはみ出すもの」の意味

　福島市で暮らしていた泉美奈子は、子どもを初期被曝させてしまったことへの不安などから新潟市への避難を選択した。避難するという選択が正しかったのかどうか、つねに迷いがあったが、交流施設での区域外避難者同士のつながりが支えになった。母子避難のため、生活も夫との関係も「綱渡り」の状態だった。2017 年 3 月で仮設住宅の提供も終了したため、生活の維持がより厳しくなる。新しい生命を授かったこともあり、日々の生活に追われて、「怒り」の表出を持続させることも難しくなった。しかしそれは、現状を納得して受け入れていることとは違う。「腹立たしい気持ち」は、「消化できないまま、奥底に置いてある感じ」なのである。

　大熊町から柏崎市に避難している内山史子にとって、避難元に残してきた自宅は、子育てをしてきた「歴史や重み」を感じさせる。自宅を失うことはつらい被害だが、自分のことは被災者扱いしてほしくない。それはプライドを守り、自分を支えるための方策でもあった。大熊時代の記憶は、「防衛本能」がはたらいて本当は忘れたくないのに忘れてしまうものから、なつかしい「思い出」として整理がついた状態に変わり、そしていまは、思わぬ時に「ふと出てくる」。記憶と折り合いながらも、整理しきれない断片が、時々抑

えきれずに意識のなかに浮上してくる。

　同じく大熊町からの避難者である小林理香も、そのつどの自分の心情を印象的な言葉で語ってくれる。「失ってないものはない、継続できているものがないから」(2013年)、「やっと自分の選択が間違っていなかったと思えるようになった」(2015年)、「すべてを受け入れるしかない」(2018年)。子どもの病気もあって避難先で苦労してきたが、いまは落ち着いて「過去のこと」と振り返ることもできる。避難生活は、自分の状況や故郷に対する肯定と否定を繰り返しながら、自分を取り戻すプロセスだった。視野が広がった、スキルアップしたという一方で、やっぱり宙ぶらりん、考えても仕方ないとも感じている。そこにはやはり、どうしても割り切れないものの存在を感じざるをえない。

　南相馬市から新潟市に避難した森下瞳は、避難先のママ友や避難者グループのつきあいのなかで、よい関係を築いてきた。子どもは進学や就職で親元を巣立っていったが、一人になっても避難元に戻る気にはなれない。依然として放射線量が高く、子どもも戻ってこれない場所と考えるからだ。避難先で一人で子どもを育てる生活は、苦労も多かったと思われるが、子どもにとっては将来の選択肢が拡大したと積極的に意味づけている。ただその一方で、「なんで私はここでこういうことしてんだろう」「何やってんだろう」という考えもふと浮かんでくる。

　ここで取り上げたのは、それぞれの個人的な格闘の結果、状況と「折り合い」をつけて、いくぶんは前向きになれた人の事例であることに注意が必要である[12]。その場合でも、時間の経過とともに直線的に「折り合い」がついたわけではなく、それぞれの振幅をともなっている。懸命に怒りをなだめ、プライドを保ち、自分の選択を認めてきた。そうやって「折り合い」をつけながらも、そこから「はみ出すもの」がある。それはやがてなじんでいけるものかもしれないし、いつまでも心の安定を脅かすかもしれない。

　なんらかの形で「折り合い」をつけなければ、避難者は生活を続けていくことができない。そこから「はみ出すもの」の存在は、個人的に被害を引き受けて「折り合い」をつけることには無理がかかっていることを示している。

いずれにせよ、避難者が状況を納得して受け入れることを阻む「被害」が、依然としてそこには潜んでいる。

5-2　経験の整理と伝達

　「被害」を受け入れることはできないけれども、被災と避難の経験に「意味」を見いだし、そこから前を向いていくことは、どうすれば可能になるのか。自分の経験を整理して、それを他者に伝えるという活動は、そのヒントになるかもしれない。

　南相馬市から新潟市に避難している後藤素子は、避難前は地元の PTA などで積極的に活動してきた。その経験を生かして、避難してからも避難先・避難元の双方で強い思いを込めた多彩な地域活動にかかわっている。私は、これまで何回となく後藤の話を聞きながら、その発想の柔軟さとエネルギーに学ぶところが多かったのだが、今回（2019 年 12 月）のインタビューではじめて、その裏にある葛藤を知ることができた。

　避難後の後藤は、あらためて振り返ってみると、これまで築いてきたものがゼロになり、もやもやとして自分の人生を歩いていない感じだった。それが、個人として動くようになって、自分を少しずつ取り戻し、再生してきたことが実感できる。とくに自分の体験を整理して、他者に向けて「語る」機会を得たことがきっかけになった。それぞれの機会に、「あやふや」で「もやもや」していた状態を整理することができた。ただ当然、受け入れられない、納得できない部分は残る。それを避難先で相談したり、本音で話したりすることは難しい。だから、そうした整理しきれない部分については、いまは「引っかからないように」することを選ぶ。それでも、避難を続けること自体の「あやふや」さは続き、地に足をつけている感じではない。

　郡山市で暮らしていた三沢敦子は、とくに障害をもつ子どもの健康への不安から新潟県に避難した。避難先で生活のスタイルを確立し、周囲の住民ともよい関係を築いて暮らしている。ただ将来、自分たちが年を重ねていったあとで、身内のいない新潟県でこのままずっと生活していけるのかどうかは不安を感じる。自身の親の高齢化も心配で、「落ち着かない感じ」のまま、

繰り返し判断を迫られる日々が続く。

　三沢は、さまざまな場でみずからの体験を話してきた。その結果、自分の後悔や迷いを整理し、消化することができた。2018年のインタビューの際には、とくに若い学生たちに対して、自分と「同じ思いをして欲しくない」と繰り返し語りかけた。たんなる他人の体験談としてではなく、自分のこととして聞いて欲しいと。こうした言葉の背景には、これまで三沢が「語る」過程で学んできたことがあった。つらい、深刻な経験を話しても、それを「自分ごと」として受け止めてもらえるかどうかわからない。経験それ自体を対象化し、一般的で共有可能な文脈に位置づけることで、より「伝わる」のではないか。試行錯誤のなかで相手の反応を見ながら語り直し、三沢はそう考えていった。それは同時に、自分の感情を整理し、自分を肯定することにもつながった。

　2人の事例をたどってみると、みずからの経験を振り返って整理すること、それを他者に向けて語ることは、「もやもや」している状態から着地し、「ぐるぐる同じところをまわっている」状況を脱するためのツールになっていた。もちろん、「振り返って整理」しようという心境に至るまでには時間が必要だろうし、人前で語る機会が誰にでもあるわけではない。身近な仲間内での会話であっても、経験を言葉にすることは、自分の置かれた状況を受け止め、消化するためのきっかけとなるのではないか（本書第4章参照）。また、直接「言葉」を伝えることで、新たに築かれる関係性、開かれる共同性もあるかもしれない。

5-3　「個人」を超えてつなぐ

　宮田早紀は、2011年9月に、夫、3人の子どもとともに郡山市から新潟市に避難した。避難するまでの自分のことを振り返ると、外の世界には無関心で、「何かあったら国が守ってくれるはず」と思って暮らしてきた。しかし現実には、国や県から伝えられる情報は信頼できず、水俣病被害者がこれまでどう扱われてきたかも初めて知った。こうした過去の自分と向き合うことで、いまの自分があると感じている。自分を相対化して見ることを通じて、

違う立場の人のことも理解できる。新潟に来てからは、避難者や支援者との交流をベースとして、相談会や新潟水俣病被害者との「協同のつどい」などに取り組んできた。かつては「関係のない場所」だと思っていた裁判でも本人尋問に立った。

　とにかく、これだけの被害があるにもかかわらず、何も変わっていないことに驚く。それを一人でも多くの人に知って欲しい。裁判などの際に、自分の被害を掘り起こしていく作業はつらい。思い描いていた未来はすべて奪われ、避難により子どもたちが失ったものも計り知れない。はたして自分の判断が正しかったのか、まだ答えは出ない。しかし、それを経験として語れるのは、自分だけである。それも含め、避難先での新たなつながりのなかでの活動は、「自分を認めてあげられる」自己回復の機会にもなっている。

　富岡町から東京都に避難した市村高志は、避難先に落ち着いたのち、さまざまな活動に取り組んできた。その原点となったのは、避難時の恐怖と苦労、そして時間をかけて積み上げてきた努力の成果を一瞬で奪われたことに対する怒りである。とりわけ、東電も国も責任をとらないまま、避難指示を解除して帰還をうながす政策は、許せないと感じている。学生など一般の人に話す時は、被災者になることなど思いもよらなかった自分の姿について伝える。だから、誰でも突然いまの生活が奪われる可能性があるのだと。当事者と非当事者との分断をつなぐ試みでもある。

　TCFやヒラエスの活動を通じて、市村は被災者・避難者の分断に抗する「ゆるい運動」を目指してきた。先鋭な運動体になることは、力を発揮することもあるが、多くの人は置き去りにされがちである。そうならないように、中間的な立ち位置でサイレントマジョリティを包括するような活動をつくりたい。そこで核になるのは避難者の尊厳であり、一人ひとりがそれまでの人生のなかで蓄積してきた固有のものである。それをタウンミーティングなどの場で引き出し、尊重し合うことで、はじめて自立に向かうことができると考えてきた。市村は多様な経験を認め合い、共有する空間をつくりだして、人びとをつなごうとしている。

　いわき市で夫と暮らしてきた丹治杉江は、原発事故後しばらくの間いわき

で避難者支援の活動に携わったのち、前橋市に避難した。丹治は、支援活動で疲弊・挫折して避難を選択したが、にもかかわらず仲間たちがあたたかく送り出してくれた。こうした経験が、その後の活動を動機づけてきた。避難先の群馬では、避難者集団訴訟や市民活動、講演、被災地ツアーなどに精力的に取り組んできた。その際の立ち位置は、福島で暮らす人と避難した人の「真ん中」に立って、分断をつなぐことである。丹治は、みずからの経験から両方の気持ちを理解することができるし、それが自分の責務だと考えている。

　福島では、国も東電も責任をとらず義務も果たさないまま、「復興」が前面に押し出されている。その一方で、元通りの暮らしに戻れない被災者は多く、一人ひとりの尊厳は無視されている。福島の人は、どうせ理解されないとあきらめ、むなしくて口を閉ざしてしまう。口を開くことは住民同士が傷つけ合い、分断を深めることに結びつく。だから、不安を口にすることなく、黙って表面的に平穏な暮らしを守ろうとするが、そこにはストレスがかかり続けているだろう。それは、そうした状況や構造をつくりだしている者の責任であり、それを放置している者の責任である。この状況で住民に声を上げろというのは酷だし、それぞれで甘受せよというのは理不尽である。だから丹治は「代弁者」の役割を引き受けて、経験を語り、責任を負うべき者の責任を問い続けている。

　ここで取り上げた事例では、いずれも過去の自分と向き合うことが、いまの自分の活動を動機づけ、方向づけている。それぞれの経験にもとづいて、活動の形が模索されている。原発事故と避難により受けた被害は、一人ひとりで抱えて消化できるようなものではない。折り合おうとしても、どうしても限界がある。このことを身をもって経験すると、避難者による活動は「人と人とをつなぐ」という方向性をもつ。そこでは分断を乗り越えようとするさまざまな試みがなされ、その上で、共同の力で社会に向けて訴えようという取り組みが続けられている。「聞く耳」をもたなければならないのは、私たちである。

注

1　泉へのインタビューは、2013 年 2 月、2016 年 6 月、2019 年 8 月に新潟市で実施した。泉の避難状況や避難生活については、松井（2017）の 141 〜 148 ページでも取り上げている（H さん）。

2　内山へのインタビューは、2013 年 4 月・7 月、2015 年 6 月、2018 年 7 月に柏崎市で実施した。内山の避難状況や避難生活については、松井（2017）の 115 〜 120 ページでも取り上げている（D さん）。

3　小林へのインタビューは、2013 年 4 月、2015 年 6 月・10 月、2018 年 7 月に柏崎市で実施した。小林の避難状況や避難生活については、松井（2017）の 120 〜 126 ページでも取り上げている（E さん）。

4　この民間の一人の女性が主催するユニークな支援の場については、松井（2017）の第 3 章を参照。

5　森下へのインタビューは、2019 年 9 月に 2 回、新潟市で実施した。

6　後藤へのインタビューは、2013 年 11 月・12 月、2014 年 7 月、2015 年 6 月、2016 年 6 月、2018 年 7 月、2019 年 12 月に新潟市で実施した。後藤の避難状況や避難生活、避難元である南相馬市小高区とのつながりについては、松井（2017）の第 6 章（161 〜 190 ページ）でも取り上げている。

7　三沢へのインタビューは、2018 年 7 月、2020 年 9 月に新潟市で実施した。

8　宮田へのインタビューは、2019 年 12 月に新潟市で実施した。

9　市村へのインタビューは、2018 年 7 月、2019 年 5 月に新潟市で実施した。なお、市村自身の著作として、市村（2013）、市村（2015）、山下ほか（2016）などがある。

10　TCF の活動とその成果については、佐藤（2013）、とみおか子ども未来ネットワークほか編（2013）、山本ほか（2015）、山下ほか（2016）などを参照。

11　丹治へのインタビューは、2019 年 2 月に前橋市で実施した。

12　そうでない事例については、本書第 3 章 3 節を参照。

第3章　長期化する原発避難
──「関係性」の変容と支援の課題──

1.　はじめに

　福島第一原子力発電所事故から 10 年近くが経過しても、前例のない規模で超長期・広域避難が続いている。これまで見てきたように、原子力災害の被災者にとって、時間の経過が被災者個人や家族の復興・再生に必ずしも結びついていない。自然災害の場合は、速度の違いこそあれ、通常は時間の経過とともに被災者の心の復興を含む復興・再生が進む。しかし福島第一原発事故による広域避難者の場合、被災から時間がたっても、それが暮らしの復興にも心の復興にもつながっていないように思える。表面的には避難先で平穏な生活を送っているようにみえても、気持ちの奥底には怒りや不安、納得できない思いが蓄積し、避難者の気持ちの立て直しや生活再建に困難を来している。その理由はどこにあるのだろうか。

　被災者が災害の打撃から回復するためには、住居や仕事、インフラなど生活再建のための条件整備とともに、被災経験を捉え返してさまざまな変化を受け入れ、気持ちを立て直していくことが必要となる。しかし今回の原子力災害においては、避難者は経験の再定義と位置づけが困難な状況におかれている。そこには、避難者が取り結ぶ社会関係のあり方がかかわっているのではないか。

　本章では、まず、新潟県への原発避難の経過をたどり、その間の広域避難者における「関係性」の変容を跡づける。新潟県は短い期間に自然災害（中越地震・中越沖地震）と原子力災害（広域避難）が連続して起こったために、同じ自治体や民間団体が両方の支援にあたってきた。被災者が取り結ぶ関係

性という点では、自然災害と原子力災害の質的な違いを感じている関係者も多い（第2節）。

ついで、新潟県の支援団体のなかでも、より困難を抱え、研究者のアクセスが難しい避難者の支援にあたってきた「新潟県精神保健福祉協会」の事例を取り上げる。この団体は、中越地震後に10年間「こころのケアセンター」を開設し、2013年度からは福島県の委託で避難者の「心のケア」を中心とした支援にあたっている。その過程で、避難の長期化にともなう支援課題の変化に直面し、より深刻な「関係性」の変容を目の当たりにしている（第3節）。

最後に、自然災害と比較した原子力災害の特徴に着目しながら、「関係性」の変容の核心にある困難を指摘したい（第4節）。

2. 広域避難者の「関係性」の変容

以下では、原発事故からの9年間をおおむね3つの時期に分けた上で、それぞれ避難指示区域内からの避難者（いわゆる強制避難者）、避難指示区域外からの避難者（いわゆる自主避難者）、そして自治体および民間の支援者の「語り」をもとに、広域避難者が避難先であるいは避難元との間で取り結ぶ社会関係の変容のプロセスをたどることにしよう。

2-1 避難生活の模索と関係性への不安（2011〜13年度）

2011年3月の福島第一原発事故により原発周辺の地域には避難指示が出され、まず近隣自治体を含む福島県内に避難先が求められた。事態の深刻化とともに、住民の避難先も県外などより遠方に広がっていく。福島県の西側に隣接する新潟県では、3月のピーク時におよそ1万人の避難者を数えて、この時点で最大の避難者受け入れ県となった。

新潟県への広域避難者は、原発事故直後は避難指示が出された警戒区域等の住民が大部分を占めていたが、時間の経過とともに区域内避難者は一貫して減少している。逆に、郡山市や福島市などの避難指示区域外からの避難者

は、2012 年春まで増加を続けた。それ以降、この期間の区域内・区域外の
避難者はほぼ同数で推移してきた（図表序 -3 参照）。

「地元つながり」再構築の試み──区域内避難者の暮らしと関係性
　原発事故に追われるようにして福島県内の避難所を転々とし、あるいは屋
内退避を続けていた人びとの多くは、遠方への避難を突然うながされ、行き
先も告げられず文字通り「着の身着のまま」で大型バスに飛び乗った。自家
用車で個別に避難してきた人も含め、避難所の運営や避難所を出たあとの生
活で、もともとの地域コミュニティの力を期待することはできなかった。地
域のつながりを断ち切られたまま、最小限の荷物とともに見知らぬ土地での
避難生活を強いられたのである。当初は、先の見通しも金銭的な補償もいっ
さいないなかで、暮らしの立て直しを模索していかざるをえなかった。雪の
多い冬をなんとか乗り越えて、各世帯の生活が少し落ち着くと、放射能に汚
染された故郷の様子が伝わってくる。一時帰宅を繰り返すうちに、あらため
て自宅や故郷の惨状と帰れない現実が突きつけられた。
　この期間の、避難先における避難者の関係性についてみていこう。区域内
避難者の割合がきわめて高い柏崎市においては、出身町別の同郷会が形成さ
れていった。まず、2011 年 8 月に民間支援者のサポートにより大熊町の同
郷会が始まり、翌 2012 年度からは行政がかかわる支援団体のサポートで浪
江町・富岡町・双葉町の同郷会も相次いで結成された。避難者のなかには、
避難先の地域住民組織に加わるなどして積極的に交流をもつ人もいたが、地
域行事に呼ばれず交流もないといった孤立気味の人もいた。同郷会は、故郷
の町からの情報を入手したり、迷いや不安、ストレスを共有する場として喜
ばれた。2013 年になると、出身市町村の垣根を越えた新たな交流の場も形
成されていった。
　新潟市では、避難所での交流をきっかけとした避難者グループがつくられ
ていった。とくに最初の冬を迎えるころに、避難指示区域からの高齢者の孤
立と心身の不調が目立つようになり、市民グループの支援も得て、2012 年
の 2 月から定期的に交流会をもつようになった（「浜通り会」）。「1 年か 2 年

で帰れるんじゃないかなって思っていたころなので、それまで何とかみんなで新潟でがんばろうって話してました」（女性60代、2013.3）[1]。しかし、徐々に帰還をあきらめざるをえないことがわかってきて、精神的につらい状況が増してくる。そうした失望感や喪失感を抱えた高齢者にとっては、交流会の存在は大きな意味をもった。

避難元との関係は、徐々に「帰れない現実」を突きつけられるなかで、変化を迫られることになる。「1年くらいの間は、若い人たちが帰って来ないんだったら、私たちの年代が帰って、地区を守っていこうと。何とかがんばって、除染もして、みんなが帰れるような場所をつくっていきたいなと思って、お友だち同士で連絡し合っていました。でも1年くらいを過ぎたころから、帰れないんじゃないかなって思い始めて。みんな同じ思いだった。原発も次々に問題起こすでしょう。汚染水もたまっていくし」（女性60代、2013.8）。避難先は別々でも、連絡を取り合って地元の集落を復興させていこうという思いが、だんだんと薄れていったのである。

地元の町はなくなってもしょうがない、というあきらめの言葉も聞かれるようになった。「もう国に土地を全部買い取ってもらって、好きなところで住んでよって言われた方がほっとする。……こんな状況で子どもを戻せるわけがない。それだったらもう双葉郡は地図から消しちゃったらっていう、極端に言えばそんな感じですね」（男性40代、2013.7）。むろん、長年生まれ育った土地だから惜しむ気持ちはある。しかし「そこに未来はない」と言わざるをえないのだ。

「サロン」に身を寄せる──区域外避難者の暮らしと関係性

原発周辺の避難指示が出された区域とは異なり、福島県中通りなどの区域外の住民は、避難するかしないかの判断をみずから下すことが必要になった。新潟県湯沢町では、複数のNPO法人と町が連携して、事故直後から「赤ちゃん一時避難プロジェクト」が実施された。8月までの期間に、乳幼児と母親・家族など150組ほどを民間の宿泊施設に受け入れたのである。その後借り上げ仮設住宅制度の実施もあって、新潟県内に避難先を求める区域外

避難者が増えていった。とくに避難直後は、子どもを自由に外遊びさせ、食べ物もふつうに買えるような生活に、開放感を覚える避難者も多かった。だが、とくに母子避難を選択した家族を中心として、二重生活による経済的な厳しさに直面するようになってくる。

　避難先での関係づくりにおいては、「サロン」（避難者交流施設）が大きな役割を果たした。たとえば新潟市内の民家を改装してオープンした施設は、区域外の母子避難者を中心に多くの利用者を集めた（松井 2013: 66-67）。彼女たちにとって、避難せずにとどまる人が多いなかで福島を出ることは大きな決断だったが、同じ立場の避難者と交流することは生活の支えになっていったのである。

　区域外避難者の抱える困難は、時間の経過とともに深まっている。夫が福島と行き来する費用に加え、二重生活はあらゆる面で出費がかさむ。借り上げ仮設住宅の支援も 1 年更新で、長期的な展望がもてない。そのなかで「子どものことで絶対後悔したくない」と考え避難を継続する人びとにとって、考えを共有できる仲間との交流は心強かった。

　避難元との関係は、家族や友人を含む多くの面で難しいものになっていった。避難が長期化するにしたがって、地元に残る家族や親戚・隣近所の人びととの認識・考え方のギャップが広がり、帰還への圧力も強くなってきた。福島に残る人びとは、「安全キャンペーン」のもとで生活しており、「避難しなくて大丈夫」と考える。それに対して、子どものために自主避難を決断した人びとは、危険を最大限排除しておこうと「最悪のパターンから情報をひろう」傾向がある。必然的に両者の認識の格差は広がっていく。身近な家族との間でも、考え方の違いは大きい。いずれは福島に帰ってきて欲しい夫とこのまま新潟にとどまりたい妻の間には、埋めがたい溝が生じる。夫の両親や親戚からは「神経質な嫁」だと思われ、「まだ避難しているの？」という視線を向けられる。

　地元の友人たちとも疎遠になってしまった。「最初のころは、多少メールしていたりしたんですけど、だんだん音信不通になる。メールを送っても返ってこないことが増えたり。悲しいことなんですが。仲良くしてた相手で

も、避難した私と残っている人とで考え方が違っているので歩み寄れない」
(女性40代、2013.2)。なんとかつきあいを維持していても、「あたりさわりの
ない話」しかしないし、「放射能のほの字も出せない感じ」がある。地元に
残ったママ友からは、「小さいうちにパパとママが離れて暮らすのは子ども
に悪い影響があるから避難しない」と言われ、傷つくこともあった。「子ど
もが父親と離れていると、さびしさを感じているのもわかる」だけに、余計
つらいのである。こうした地元の人びととの溝がもたらす不安やつらさにつ
いても、仲間と共有できるサロンの存在は貴重だった。

つながりの再構築と分断の萌芽──支援者のまなざし

　広域避難者をサポートしてきた行政や民間の支援者からは、この時期、避
難者が取り結ぶ関係性の様子はどのように見えたのだろうか。
　柏崎市への避難者は、双葉郡を中心とした避難指示区域内からの避難者が
ほとんどを占め、避難元市町村のつながりを重視する割合が相対的に高い。
そこで支援者は、出身の自治体別に連絡し合えるようなネットワークをつく
りたいと考えて関係者に働きかけた。しかし避難後すぐの時点では、「同じ
町の人と話したいというニーズは、全体の意識じゃない。みんな自分のこと
で精一杯で、他の人がどうしているかというところまでは、とてもじゃない
けどまだという段階」だった（行政、2013.4）。避難先で生活の立て直しに必
死で取り組んでいる人びとにとって、同郷を軸としたコミュニティの形成に
関心が向くのはもう少し先ということになる。
　2012年度に入ると、前述したように、支援団体のサポートにより町別の
同郷会が結成されていった。徐々に帰還者も増えていったが、避難先で「先
の見えない」生活を送る人びとにとって、定期的に開催される同郷会の活動
は重要な意味をもった。2013年度くらいから、近所の桜の名所に花見に行っ
たり、祭りを見に行くなどのイベントの時には、避難元の町にこだわらずに
ほかの町のメンバーにも声をかけている。サロンを利用したさまざまな活動
で顔を合わせるなかで、自然と町を越えたつながりができてきたのである。
　避難指示区域からの避難者を対象とした東電による賠償が回り始めたこ

の段階になると、彼らのニーズも変わってくる。「生活が落ち着いてきて、日々が暮らせるようになってくると、ふわっとなんともいえない不安が襲ってくるとよく言われてました。この先仕事をどうするのか、住宅ローンどうするんだとか、あの家に帰れるのかとか、そういう漠然とした、見えないこの先をどうするのかという不安でいたたまれなくなると」(行政、2015.6)。だからこそ、町別の同郷会や町の境界を越えた趣味の会などのつながりが必要とされたのである。

　柏崎市で独自にサロンを開設し、避難者の居場所づくりをしていた民間の支援者は、避難 1 年目の帰還困難区域からの避難者の様子を次のように語っていた。「初めての一時帰宅の前はものすごく楽しみにしていたけど、帰ってきた時の落ち込み方がすごかった。その時、一人でいたらおかしくなっちゃうって言って、みんな集まってきた。……自分のなかでも、もうあきらめてきてる部分がすごくあって、でもいつか福島に帰りたいという目標がないと、たぶん一歩が踏み出せないと思うんですよ」(民間、2012.3)。

　一時帰宅が許されるようになって、あらためて故郷や自宅の荒廃を目にすることになる。それが 2 回目、3 回目と回を重ねるごとにひどくなっていき、「あきらめ」の気持ちも強くなる。そうした「あきらめ」と「あきらめきれない」思いのゆれを、同じ立場で共有できる場(サロン)と集まり(同郷会)の存在が、この時期の区域内避難者を精神的に支えていた。

　2 年目に入ると、同じく避難指示を受けた避難者の間でも賠償額の違いによる「仲違い」が始まってきたという。区域の指定による賠償基準の差が被害者の間に分断をもたらしはじめたのである。避難を経て福島に帰還した人が、地域の集まりに入れてもらえないとか、孤立してしまうといった情報も入ってくる。

　新潟市で前述の「サロン」(避難者交流施設)を運営した支援者は、まず避難者のニーズを探るところから始めていった。その結果、区域内避難者は避難所生活などを通じて新潟での人間関係を最低限築けているが、2011 年の7 月くらいから急増していた区域外避難者は横のつながりをほとんどもっていないことがわかった。限られた予算のなかで、まずは後者を対象とするべ

きだと考えて、普段着で来て気楽に過ごせる「実家の茶の間」のような場所というコンセプトにした。支援者からみると、「サロン」を利用している区域外避難者の抱える困難は、時間の経過とともに深まっている。子どもの就園・修学の関係で年度末に福島に戻る避難者は多いが、復興・除染が進まずまだ帰れる状況にないと考えているのに、経済的に限界が来たために、「泣く泣く帰らざるをえない」避難者も増えていった（民間、2013.2）。

2-2　関係性の困難と個別化の進行（2014 ～ 16 年度）

　2014 年以降、避難指示が出されていた原発周辺の地域で、避難指示の解除が進められていった。田村市都路地区、川内村から始まり、2017 年 4 月までには帰還困難区域を除くほとんどで避難指示が解除された。避難指示の解除と連動して、避難慰謝料等の賠償についても打ち切っていくことが決められた。また、2015 年 6 月には、福島県が自主避難者への住宅無償提供を2016 年度末で打ち切る方針を決定し、そのまま実施された。

　避難指示の解除や福島県内での復興公営住宅の整備、住宅の無償提供打ち切りなどにより、福島県から新潟県への避難者は、およそ 4,500 人（2014.3）から 2,800 人（2017.4）へと減少している。総数でみるとピーク時のおよそ3 分の 1 になり、構成比では区域外が区域内を上回ることになった。またこの間、賠償や支援の縮小・廃止が進んでいったが、避難者を取り巻く一般の住民のなかでは、賠償等に対する偏見や誤解が強まっていった。学校でも避難児童・生徒に対する「いじめ」の問題が顕在化するなど、避難者へのまなざしが厳しいものに変化していったのである。

「割り切れなさ」とゆれ──区域内避難者の暮らしと関係性

　この期間、新潟県内で避難生活を続ける区域内避難者の多くは、避難慰謝料や財物の賠償などを加えて一定程度は日常生活の維持が可能になった。新潟に自宅を建てるなど表面的・外見的には生活の安定がうかがわれる。その一方で、避難者の「語り」からは、不安や「宙づり」の感覚、気持ちのゆれが共通して読み取れた。精神的に落ち着かない、割り切れず、片づかない感

じはむしろ深まっているように思われたのである。

　避難先の社会関係をみると、柏崎市で 2012 年前後に形成された避難元町別の同郷会は、縮小・解消の方向をたどった。帰還者の増加とともに定例会や行事への参加者も減少していき、市町村を越えたプロジェクトも休止状態になった。役員の引き受け手がいなくなったことにより、富岡町の同郷会は2014 年度末で解散せざるをえなくなった。

　大熊町の同郷会については、次のような話が聞かれた。「最初のうちは、みんなでがんばって町に帰ろうという雰囲気がありました。町に帰って大熊町を盛り上げなくっちゃねっていうような。だんだん、そうならないことがわかってきてからは、今後どうするっていう話になりました。とりあえず自分の居場所を決めてそこに移るとか、柏崎に当分いるつもりだよとか」(女性 50 代、2015.6)。大熊に帰ることが難しいとわかってきたために町の一体感が徐々に薄れ、それぞれの今後の方向性によって分化が現れてくる。

　さらには、同郷会によって避難先でのつながりが一定はできたので、定期的に集まる必要はだんだんなくなってきた。子育て中の母親だけの集まりやもう少し上の世代の集まりなど、「ここを支えにしながら他の場所でも活動する雰囲気になってきた。それはよい方向だと思います」。同郷会としての求心力は薄れてきたが、そこでできたつながりを基盤として小さなグループでのつきあいに移行してきている。

　避難元との関係や故郷への思いにも変化がみられる。出身自治体の地域協議会に参加してきた新潟市への避難者は、時間が経過するにしたがって、地元との温度差が広がってきていると感じるようになった。たとえば、子どもたちの「体験(保養)プログラム」の話をしても、「行きたい人が行けばいい」という冷ややかな反応が返ってくる(女性 40 代、2014.7)。

　福島に残っている家族や、帰還した知り合いから福島の様子を聞くと、とても帰る気になれないという避難者もいた。実際にいわき市に自宅を求めた避難者は、引っ越しのあいさつをした時に、隣人から「おつきあいはいいです、来なくていいですから」と言われてショックを受けた。地域には何となくよそよそしい雰囲気があり、賠償へのねたみもあるのかもしれない。

地元の避難指示が解除されても、自宅の傷みやインフラの未整備により「いまは帰れる状況にない」と考えている避難者も多い。とくに避難元で長い時間をかけて形成されてきた「地域のコミュニティはみんな崩れちゃった。お祭りも葬儀組合も空中分解」。しかし、集落の自治会組織は残っていて役員も務めている。だから住民票を新潟に移すことには抵抗がある。「住所を移せば避難者であることと決別できるかもしれない。でも、移すことによって地域とのつながりがなくなっちゃう面もある。なかなか完全に吹っ切れない部分が根底にありまして、住むのは家を買って住めばいいだけの話ですけど、中途半端な気持ちで両方どうやってかかわっていくかが、どうも半身になっちゃってるんですよね」(男性50代、2015.6)[2]。

個別化の進行とスティグマ──区域外避難者の暮らしと関係性

区域外からの避難者にとっては、避難を継続することの困難さがより高まっていく期間だった。借り上げ仮設住宅無償提供の終了は、福島県への帰還をうながす政策といえるが、避難の継続を希望する人びとは新たに住居費の負担を迫られることになった。また、新潟県でも2016年になると、避難者の子どもに対するいじめの問題が報道され始めた。子どもの名前に「菌」をつけて呼ぶいじめが、福島からの避難をきっかけにしていることが問題になったのである。こうしたできごとに象徴されるように、賠償等の支援をほぼ受けていない区域外の避難者に対しても周囲のまなざしが厳しくなり、避難者であることがある種のスティグマとして受け止められるようになっていった。

避難先での社会関係は、それぞれの事情に応じた分化が進んでいった。時間の経過とともに、生活のために仕事に就く避難者も増えて、避難者同士のつきあいは、交流施設に大勢で集う形から気の合う少人数で比較的頻繁に会う形にシフトしてきたという。「話題は夫の愚痴だったり子どもたちのことだったり。放射能のことなどは、他の人にはちょっと言いづらいんですね。軽く話せる話ではなくて、どんなに心配でも口をつぐんでしまう。同じく避難してきた人たちとは、ふつうに気をつかわずに話ができます」。放射能の

ことは、もともと新潟にいる母親たちには話しにくい。この点も含めて、避難者コミュニティの存在は避難先での不安をやわらげる重要な機能を果たしている。「おたがいに気持ちが共有できる気のおけない仲間が私にもいることが、本当にありがたいですね。一人で誰にも相談できない状態だったらと思うと、ぞっとします」（女性 40 代、2016.6）。

区域外避難者とその避難元との関係は、さらにいっそう距離が広がっていった。福島にいる友人たちとはだいぶ疎遠になり、仲がよかった友人とは SNS などを通じてごくたまにやりとりがあるだけで、「音信不通に近い状態」になった人もいる。「結局避難した、しないで、多少のわだかまりがあるんですね。なんとなくやっぱり、気をつかってしまうところがある。そしてだんだん疎遠になってしまうというのが、正直のところです」（女性 40 代、2016.6）。

別の避難者によると、地元の福島では、自分たちの避難に関して両親が周囲からいろいろと言われているようだという。「やっぱりまわりからすると、どうしてっていう目がある。両親は『なんで避難を許すんだ、もう大丈夫だろ』と言われることも多いと思います。『いや娘の考えだから』と流してくれているとは思うんですけど、板ばさみになっているかもしれない。親戚の集まりの時にお酒がはいると、『ほら、いつまで行かせてんだ』と言う親戚がいたりするようです」（女性 30 代、2016.6）。

区域外避難者に対する借り上げ仮設住宅の提供が 2017 年 3 月で終了することについては、もう受け入れざるをえないと考えている。「いくら声を上げても聞いてもらえない。あきらめるのもよくないんだろうけど、終わりだなというのはもう受け止めた」（女性 30 代、2016.6）。ここにも、声が届かない絶望感がある。

市民意識の変化と不安の高まり──支援者のまなざし

この時期の避難者の暮らしと関係の変化、避難者を取り巻く人びとの様子の変化について、支援者サイドの見方についても確認しておこう。

柏崎市の民間支援者によると、避難して 3 年くらいは、町単位の定例会

や避難者全体の交流会が重要な役割を果たした。しかし、同じ町のなかでも賠償の続くところ、打ち切られるところが出てきて、そこで分断ができてしまう。賠償をめぐる避難者間の亀裂は、いっそう深くなった。柏崎に残るか、福島に帰るかの判断によっても大きな違いが出てくる。「最近はもう、個人個人で悩んでる問題が違ってきているので、それに一つひとつ対応していくことの方が、交流会なんかよりも必要性がある」（民間、2015.5）。

　子どもの学校や仕事、土地・住宅の取得などのタイミングで、柏崎を離れて福島に帰還する避難者も増えてきた。この時点ではまだ、双葉郡などの避難指示は解除されていないので、帰還先は浜通りのいわき市や双葉郡からの避難者が多い郡山市が中心である。年配の人を中心に「もう自分の家で落ち着きたい、とにかく元の生活を取り戻したい」という思いが強くなってきている。しかし福島県内では、避難指示区域からの避難者に対する受け入れコミュニティのまなざしは、かならずしも温かくないという。避難者は多額の賠償を得ているという情報が行き渡る一方で、それが「被害」に対する賠償なのだという理解は進んでいない。帰還した人からは「隣近所でお茶飲みしているけど、うちなんかはあまり入れてくれない」という話が聞こえてくる。だから「みんな地元を隠します。大熊から来たとか、富岡から来たとか、絶対口が裂けても言わないみたい。学校の先生にも口止めしてもらってるって」（民間、2015.5）。

　柏崎市の被災者支援担当者によれば、長く避難生活を続けるなかで、たしかに多くの避難者は柏崎での生活のリズムを確立しつつあるようにみえるし、それなりの人間関係も構築されてきている。だが3年目の2014年くらいから、そのなかで今度は「どんどん次のステージに上がっていく人と置いていかれる人との速度の違い」が表面化してくる。この「置いていかれる人」の「ねたみやさびしさ」の部分をどうケアしていけるのか、ということが支援の課題にもなってくる。避難者それぞれが抱えているものが分化していくなかで、「置かれている状況による個々の多様化のニーズに応える」ための支援が必要とされる（行政、2015.6）。

　避難者を取り巻く柏崎市民の意識にも、変化がみられるという。避難当初

は、着の身着のままで逃げてきた人びとを前にして、多くの市民がなんとか
支援したいと考えた。同じ原発立地地域として他人ごととは思えない、とい
う感情もそれにともなった。しかし、東電による賠償がまわり始め、その情
報が（偏りを含んで）聞こえてくると、市民の避難者をみるまなざしにも変
化がみられるようになった。行政による避難者支援に対して「市民だって
困っている」「不公平ではないか」という意見も現れてくる。こうした変化
も感じながら、避難者のなかでも「避難者であることを隠す」人が増えてき
た。そのために、避難者がみえなくなってしまうことも心配される。

2-3　格差の拡大と避難者の潜在化（2017 年度〜）

　2017 年 3 月から 4 月にかけて帰還困難区域以外のほとんどの地域で避難
指示が解除された。2017 年 3 月をもって区域外避難者に対する借り上げ仮
設住宅の提供も終了し、避難指示区域についても解除後 1 年での提供終了
が予告されている。広域避難者にとって借り上げ仮設住宅制度はまさに命綱
だったので、その終了は避難者に対して福島県内への帰還をうながす意図が
込められていたといえる。しかし、多くの世帯は、福島への帰還ではなく新
潟での避難生活を継続し、避難者の家賃負担が増して生活が圧迫されるだけ
の結果となっている。

　こうした状況を念頭において、この時期の個々の避難者と支援者の言葉を
取り上げたい。なお、避難指示解除が進んでいる現状に照らして、避難者に
ついては区域内・区域外で項目を分けずにみていくことにする。

断片化と潜在化——避難者の暮らしと関係性

　なぜ、原発事故から長い時間が経過しても、広域避難者にとって「震災前
の社会生活や人間関係などを取り戻すことが容易でない」のだろうか。一つ
には避難によって「過去から未来を貫く生の軸」（人生の次元）が失われ、そ
のために自分の位置を見定めるための尺度を喪失したことが指摘できるので
はないか（松井 2017: 264-265）。避難者は、慣れない避難先で日々の暮らしの
諸問題に直面し、そのたびにさまざまな判断を迫られてきた。その一方で、

これまでの人生で積み重ねてきた時間の蓄積やそれをふまえた未来への展望は、事故と避難により断ち切られてしまった。

　その結果、次の言葉に象徴されるような心境に至る。「ビジョンはとくにもってないです。毎日アップデートしていく感じ。……何年後にこうなって、その後にこうなってというのが打ち砕かれたんで。あれっ、ゼロから？みたいな感じ」（区域内・男性40代、2018.7）。厳密な意味では誰にとっても未来は不確定なのであるが、われわれはどこかで日々の連続性を無意識のうちに前提としながら現在を生きている。しかし広域避難者の場合は、突然連続性を断ち切られ、脈絡もなく、まったく想像もつかない仕方で、別の世界に生きることを強いられてきた。未来を想定できないことが、現在の生をきわめて不安定な、寄る辺ないものにしている。

　同時に、他者と共有できる過去を失ったことも、避難者の現在にダメージをあたえている。アパートの隣人たちに「福島県から来たということは、口が裂けても言えない状況でした」（区域外・女性50代、2017.7）。こうして避難者が、避難者であることも避難元も隠して暮らすことは、それ自体がストレスになる。避難の記憶がいつまでも整理も共有も継承もされずに、どこかに押し込められてしまう。

　県外での避難生活が長期化すると、子どもも学年を重ね、やがて親元を離れる年齢になる。自身は区域内からの避難者だが、避難者グループなどの活動を通じて区域外避難者のことを気にかけてきた人は、次のように話していた。「子どものためにここに来たんだけど、子どもが巣立って東京に行っちゃったから、自分はここにひとりでいる意味がない。だけど、いまから福島に戻ってうまくやっていけるかっていう、そういう悩みがあるんだよ。……7年間ずっとこっちであなたは好き勝手やってたんでしょって言われたら、戻った時にうまくいかないですよね」（区域内・男性50代、2018.5）。避難先に残る理由も、戻った時の居場所も失ってしまうと、身動きがとれなくなってしまう。

不安の増幅と格差の拡大──支援者のまなざし

　帰還者の増加や避難者の生活スタイルの分化にともない、新潟県内で運営されてきた避難者交流施設にも、数や規模の減少がみられる。とはいえ、これまでみてきたように避難者が抱える問題自体が解消されてきたわけではない。むしろ、時間の経過とともに問題の根が深くなっているように感じられる。引き続き避難者支援にあたっている当事者からは、避難者の現状はどのように見えているのだろうか。

　柏崎で避難者交流施設を運営し、訪問支援にも携わる支援者は、避難指示が解除されて借り上げ仮設住宅の無償提供が終わることによって、むしろ避難先での住宅購入や新築が増えてきたとみている。一軒家に移ると、とりあえずの定住だとしても、安定が得られているように感じられる。しかしその一方で、「割り切れない、避難してきたときの気持ちのまま」の人もいて、7年目に入ってあらたに問題が顕在化してくるケースもある。避難したことによってもともとの不安気質が増幅している場合もあり、目が離せない。「避難せざるをえなかった不条理さは大きいと思います。原発事故が起きたことで、自分が望む、望まないに関係なく避難しなければならなかった。福島にずっといれば、親も子も何も問題なく静かに生活できていたのが、全然知らない土地に来て知らない環境のなかで生きなくちゃいけない親の不安、その親の不安を見ている子ども……」（行政、2017.9）。その上、長期になると避難者の親や子どもに対する市民の側の態度にも変化がみられ、それが避難者の不安をいっそう高めている。

　民間の立場で避難者支援を続けてきた女性は、次のようなことを感じている。交流施設に出てくる避難者は、それほど深刻ではないかもしれない。しかし、「そういうところに顔を出すことができない人たちの方が、抱えてる問題は深刻なんだと思うんです。見えてこない人たちが本当はどこにいるのかっていうのが、本当に難しい」。切実に支援を必要としているはずの人たちが、支援者からは見えなくなっていることが、もっとも深刻な事態といえる。さらには、避難先で自宅を建てたからといって、必ずしも生活再建したことにはならないという。「心も体もいままでの状態、避難する前の状態

や気持ちになれて、初めて生活再建したって言えるんじゃないかな。……押し殺してきた自分の気持ちっていうのも、すごくあるだろうし」（民間、2017.9）。困難を抱えた人は文字通り不可視化しているし、一見すると生活再建を遂げているようにみえる人も、目に見えない困難を抱え続けている。

　時間の経過とともに避難者間の格差も拡大し、もっとも深刻な状況にある避難者は潜在化してしまう。避難先・避難元での「共同性」から切り離されてしまった避難者は、こうした被害を「自己責任」で抱え込む事態に追い込まれてしまう。

2-4　広域避難者の社会関係の変容

　新潟県への広域避難が始まってからおよそ9年間の経過を、避難者が取り結ぶ社会関係の変容に焦点を置いてまとめたものが**図表3-1**である。おおむね2011〜2013年度の期間では、避難先においては個々の避難生活を模索する段階から、町別の同郷会や種々の交流会、サロンでのつどいを求める段階に変わっていった。避難元との関係では、地元に帰って復興の力になると思えた初期のころから、やがて「帰れない現実」が突きつけられる段階に至る。地元に残った人との温度差や認識のギャップを感じ、関係性も徐々に疎遠になっていった。

　2014〜2016年度くらいの期間において、避難先では同郷会や交流会での集まりが縮小し、個別化・小グループ化が進んでいった。その背景には、生活再建の速度の違いの表面化や賠償をめぐる避難者間の亀裂があげられる。賠償をめぐって、周囲から偏見や誤解を含む厳しいまなざしが注がれるようになり、避難者であることを隠す人も増えていった。すでに帰還した知り合いからも身元を隠す生活などの情報が聞こえてきて、疎外感が深まる。住宅無償提供の打ち切りが迫ってきた区域外避難者は、帰還への圧力と避難継続の希望との間で苦しむことになる。

　2017年度以降は、避難生活が長期化するなかで生活再建の格差も拡大し、孤立と困窮に苦しむケースも目立ってきた。にもかかわらず孤立した避難者は、被害を自己責任で抱え込み、支援者や周囲の目から不可視化・潜在化し

図表 3-1　新潟県における広域避難者の社会関係の変容

年度	主なできごと	避難者の社会関係			
		避難先での関係性		避難元との関係性	
		区域内	区域外	区域内	区域外
2011〜2013	・避難指示 ・区域指定 ・区域再編	・自分の生活で精一杯 ・町別同郷会 ・町境を超えた趣味の会	・「サロン」での精神的支え合い（選択への不安）	・帰還して地元を復興（希望と意欲） ・帰れない現実（失望、喪失感、あきらめ）	・地元との認識のギャップ ・友人関係が疎遠に
2014〜2016	・避難指示の解除 ・区域外避難者への住宅無償提供終了の発表・実施 ・賠償への偏見・誤解 ・「いじめ」問題の顕在化	・町別同郷会の縮小・解消、小グループへの移行 ・生活再建の速度の違いの表面化 ・賠償をめぐる避難者間の亀裂 ・市民の風向きの変化（→避難者であることを隠す）	・避難者の個別化・小グループ化 ・周囲の厳しいまなざし・偏見 ・避難者であることのスティグマ化	・冷ややかな反応 ・帰還者からのネガティブな情報（身元を隠す）	・距離の拡大 ・周囲からのプレッシャー
2017〜	・住宅支援（部分補助）の終了 ・新潟県による「3つの検証」の開始	・生活再建の格差の拡大と孤立 ・避難先・避難元の間で「宙づり」 ・避難者の不可視化・潜在化 ・「自己責任意識」の強まり			

てしまう事態も生じる。多くの避難者は、依然として避難元と避難先の間で「宙づり」の状態にあり、人生の連続性の断絶と断片化に苦しんでいる。10年近い経過をもとに言えることは、避難者が避難元で築いてきた関係を失う一方で、避難先で同様の関係を再構築することは困難である、ということだ。避難者が避難元・避難先双方の関係性の網の目からこぼれ落ち潜在化してしまうということは、さまざまな不安と困難を避難者個人が抱え込むことにほかならない。

　関係性の変容にともなって、避難者のなかの格差の拡大、孤立化・潜在化が進んでいる。次節では、もっとも困難を抱えた避難者の支援に取り組んできた団体の活動に焦点をあてて、避難者の苦境と支援の課題について考察したい。

3. 広域避難者支援の現状と課題──新潟県精神保健福祉協会の取り組みから

　本節では、避難が長期化するなかで浮上してきた深刻な関係性の変容と支援の課題について検討する。避難先でそれなりに生活再建を果たす避難者がいる一方で、地元を遠く離れた避難が続くことによって、避難先での生活に困窮している避難者もいる。避難先で孤立を深め、将来の見通しも立たず、場合によっては心的状態に深刻なダメージを受けているケースもある。もっとも支援を必要とするはずの、困難を抱えた避難者は、極度に深刻な状況（事件化するなど）に陥らない限り潜在化しがちである。こうした層は、研究者によるインタビューに応じてもらうことは難しく、多くの場合アンケート調査票を返送する余裕もない。先行研究においても、研究者がアクセスしにくい対象だったといえる。

　以下では、新潟県において県外避難者支援に携わってきた「新潟県精神保健福祉協会」（以下「協会」）の取り組みをたどっていく。「協会」は、メンタル面を中心とする困難を抱えた避難者と向き合い、直接・間接の支援に取り組んできた。従来の研究からは取り残されがちな対象への支援を通じて得られた、避難者の状況や支援の課題に焦点化して、長期化する県外避難者支援の現状と課題を描き出すことにしたい。その過程で、自然災害とは異質な原子力災害の特徴も浮かび上がるだろう。

3-1 新潟県精神保健福祉協会と中越地震

　新潟県中越地震（2004 年 10 月）の翌年、「中越大震災復興基金」から新潟県精神保健福祉協会に「こころのケア事業」が委託された。それにより「協会」は、2005 年 8 月に 10 年間の期限で「こころのケアセンター」を開設し、被災者の精神的健康の回復をはかることを目的として運営にあたってきた[3]。センターでは、被災者の心のケアを軸として、子育て世代や高齢者への支援、うつや自殺の予防対策、コミュニティの再建支援、そして支援者への支援に力を尽くしてきた。10 年間にわたる取り組みのなかで、自然災害によるダメージから被災者が再生するための貴重な経験知が蓄積されてきたといえる。

　中越地震の被災者支援に取り組んだ 10 年間の活動の「課題と教訓」は、次のように総括されている。「災害による影響は被害規模の大小ではなく、被災者個人が感じる喪失、悲嘆は一つとして同じではない。本活動を通して、被災者一人ひとりの被災体験を受けとめ、丹念に聞き取ることの重要性を痛感した。すべてに一般化可能な災害時のこころのケアの支援モデルはなく、被災者の声、地域のニーズを把握する中で、その被災地に特化した支援が可能になるのではないか」（田村ほか 2016: 241）。

　センターの「記録誌」には、この間の知見について次のように記載されている。「『こころのケア』とは震災による恐怖や不安を癒していくだけでなく被災者が被災を受け入れながら、それでもまた自分の人生を再構築し、生きていく、その生きていく力をささやかに支援し、消えない悲しみや苦しみに長い時間をかけて寄り添っていくことではないでしょうか」（本間 2014）。

　同じ「記録誌」に、私も次のような文章を寄せていた。

　　「……被災地では、時間がたつにつれて、生活面・心理面での復興を実感できる人びとと実感できない人びとの格差が広がっていく。災害報道が減少し、社会の側の関心も薄れるなかで、回復できない被災者の『取り残され感』はいっそう深まっていく。

　　こころのケアセンターの 10 年の歩みは、そうした被災者の心情に寄り添うものだった。……そこで得られた重要な知見の一つは、すべてに一般化可能なこころのケアモデルはない、ということだ。災害の型はみな違い、個々人の被災のあり方もすべて異なる。こころのケアは、被災者個人と向き合い、その話に耳を傾けることにもとづくほかはない。

　　被災者一人ひとりが大切にされず、自分は無視されている、ないがしろにされていると感じる時、災害による喪失感が埋められることは決してないだろう。自分が大切にされている、まわりから敬意を払われていると感じることができれば、深い悲しみから少しずつ立ち直っていく力となりうる。こころのケアセンターの貴重な経験の蓄積は、それを私たちに伝えてくれている」（松井 2014）。

こうした「協会」の知見からみると、福島事故からの原発避難者の状況は、どのようなものだったのだろうか。

3-2　県外避難者支援の取り組み

避難者支援事業の受託

福島県は県外で避難生活を送る県民の心のケアを目的として、避難者が1,000人以上いる都道府県で「福島県外避難者心のケア事業」を実施している。新潟県では被災者支援に関する経験を蓄積してきた「協会」が2013年に受託し、「ふくしま支援者サポート事業」という名称で現在まで継続している[4]。また2017年度には、1年間のみ「福島県県外避難者への相談・交流・説明会事業」を受託し、主に電話相談や来所相談といった避難者に対する相談業務をおこなった。そして、2018年度より福島県から「福島県県外避難者への心のケア訪問事業」を受託し、現在は2つの委託事業に取り組んでいる。

「福島県外避難者心のケア事業」の委託を受ける際、福島県からは、被災者からの電話による相談対応をしてほしいという要望があった。だが、新潟県内で他に実施している団体ではあまり相談件数がなかったため電話相談はおこなわず、避難者を支援している支援者を後方支援することにした。中越地震や中越沖地震での支援活動においても、支援者の支援は非常に重要であることを認識していたし、また県全体に分散する被災者を支援するためには、支援者を支援することが間接的にではあるが有効にはたらくと考えたからである。

「ふくしま支援者サポート事業」では「連携会議」を年に数回開催し、福島県の支援策の情報提供や支援者同士が情報交換をすることでより効果的な支援ができるようにした。誰もが初めての長期県外避難者への支援であり、これまでの自然災害支援ではカバーできない問題も増えた。そのため、支援者側をバックアップするための研修会を企画するとともに、支援者の個別相談会もおこなった。

このような活動を3年間ほど実施したが、2017年3月の借り上げ仮設住

宅の無償提供の終了が近づくにつれ、避難者を直接支援するような活動も増え始めた。県内の避難者受け入れ市町村からの相談や新潟県からの協力要請もあって、個別訪問への同行や個別相談の場での同席をおこなった。2018年度からの「福島県県外避難者への心のケア訪問事業」では、紹介された名簿をもとに、直接避難者宅を訪問して、支援にあたっている。

　自然災害からの復興に取り組んできた立場からすると、今回の原発避難者が置かれた状況は異質であり、違いの方が目につく。自然災害の場合は、時間の経過とともに状況は回復していくが、原発避難の場合はむしろ困難が増しているようにもみえる。中越地震からの復興においては可能だったことが、今回の避難者への対応ではなぜできないのか。そこには自然災害と原子力災害の本質的な違いが見いだされる。

主な相談内容と避難者の特徴

　「協会」の取り組みについて、まず2018年7月に実施したインタビュー、および支援担当者が執筆した文献から紹介していく[5]。避難者からの相談に共通する内容としては、「震災によりすべてが変わってしまい、許すことができない」「震災前の故郷ではない。帰りたいけど帰ることができない」「いざという時に頼れる人がいない」ということがあげられる。こうした相談内容の核にあるのは、「放射線に対する不安、とくに子どもへの影響」、「今後の生活に関する不安」、そして「そもそも好きで避難したわけではないことなどが、理解されない苦しみ」だと思われる。

　また、支援者からみた福島からの避難者の特徴としては、インフォーマルな社会資源、つまり家族や親戚、友人、職場関係、近隣の住民等を支援のリソースとして活用できないことが大きい。ここに、自然災害による被災者との違いがあると考えられる。

　通常の要支援者や一般の自然災害被災者の場合は、家族や友人、隣人等のインフォーマルな社会資源と、自治体や専門機関等のフォーマルな社会資源が両側から要支援者を支えている。それに対して、今回の避難者の場合は、県外への広域避難であるために、インフォーマルな社会資源の方がスッポリ

と抜け落ちてしまっている。すなわち、「日常的に気にかけてくれる人がいない」のである。また、避難先のフォーマルな社会資源についても、担当者にとってはプラスアルファの業務となるので、要支援者を必ずしも十分に支えることができない部分がある。

　行政などの対応にしても、「避難者の場合は、住民票を福島県の避難元市町村に置いたままの場合が多く、原発避難者特例法で定められた事務手続き以外については、住民であれば普通に利用できる支援を受けることが原則としてできない。もちろん住民票がなくても、相談を受けた場合は対応可能な範囲であれば必要な手続きをとる。しかし、介入が必要となるようなケースや長期にわたって継続的な支援が必要とされるケースについては、責任の所在の問題もあり、住民票のない避難者をどこまで支援すべきか悩み、避難者を曖昧な存在として認識している現実がある」（田村・松井 2020: 435）。

避難者の現状と支援に必要な視点

　避難者の現状については、2019 年 9 月時点で次のように取りまとめられている。「8 年以上が経過した現在では、生活そのものが立ちゆかない避難者も増え、避難したことで起きた問題の二次的・三次的被害が表面化し、後述するインフォーマルな支援を持たない場合、このような避難者を支援していくことは非常に困難となっている。そして、みなし仮設の提供終了から 2 年が経過した中で、『経済的にも精神的にも限界』を感じた世帯は納得していない帰還の道を選ばざるをえない。また、避難した当時は 70 代であった人も 80 代になるなど着実に高齢化は進み、とくに独居の場合は多くの問題を抱えている。そして支援者は、避難者なのか住民なのかの判断に悩み、避難していた市町村に届け出のないまま転居する人もいるなどで名簿を管理することも難しくなった。避難者との接点がほとんどなくなっているため、ニーズの把握に苦慮している」（田村・松井 2020: 432）。

　こうした状況を前提とした避難者支援における課題・問題について、「協会」の視点からは、次の 5 点にまとめることができる。まず、①県外避難者を支えるための国の指針、大綱にあたるものがない。そのために多くの課題

が生じてきているが、前例がないために、いつも現場では手探りでの支援を続けざるをえない。②避難先の自治体の状況についても、職員の負担が増え、異動等による担当職員の交代もあり、また被災者や避難者への理解の格差も見受けられる。

　さらに、③避難の長期化にともなって、震災の風化や風評被害、差別、偏見、避難者であることを隠す、といったようなことが見受けられる。この点は賠償に関する偏見がかかわっていると考えられる。④多くの支援策が存在して、多額の予算も投じられているにもかかわらず、避難者の生活再建は進まず、将来の見通しも立てられない。その理由は、避難者の抱える問題が個別化し、複雑化しているにもかかわらず、それに対応できる避難者のニーズ把握が不足しているからである。

　そして最後に、⑤避難者の生活再建をコーディネートする存在が欠けていることが指摘できる。「協会」の取り組みとしては、「心のケア」が中心的な業務にあたるのだが、それはたんに、心だけを対象として解決がはかられるものではない。避難者が望む生活の再建を支援してはじめて、その精神状態の回復も得られるはずだ。

　私たちの通常の生活は、家庭や仕事、住まい、コミュニティ、役割、健康、生きがい等々といった要素が相互に絡まり合って成り立っている。こうした要素のバランスが取れていることが、心の安定につながっていると考えられる。避難者を対象とした支援策のメニューはさまざまに存在しているが、その多くは縦割りでバラバラに進められている。それぞれで個別的な対応をしていっても、避難者の生活全体の再建には結びついてはいないのではないか。こうした避難者の生活再建全体について、必要な支援を調整するコーディネーターが必要なのである。

中越地震被災者支援と県外避難者支援との違い

　中越地震の際に被災者の心のケアにかかわった支援者の目から見ると、その際の支援と原発事故による県外避難者への支援はどのように異なっているのか。まず、①支援する自治体・団体について。中越地震の際には、数万人

を対象とした全戸訪問やアンケート調査等で被災者のニーズを把握できた。また自治体は、「自分のところの住民」という意識で支援を続けた。それに対して、県外避難者への支援では、訪問活動も相談事業も単年度の委託であり、長期的に取り組むことが難しい。避難者のニーズ把握が不足している上にコーディネーターも不在のため、どうしても非効率な支援にとどまる。避難元市町村の情報発信も不足している。

②こころのケアへの対応について。中越地震の際には、専門職の全戸訪問による要支援者の把握に努め、要支援者の背景情報へのアクセスも比較的容易だった。それに対して、今回の県外避難者支援では、こうした全戸訪問がなされておらず、支援を必要とする人の把握が難しい。避難元から離れているために背景情報も不足している。本人も SOS を出せていない可能性があり、要支援者が潜在化する懸念がある。

③避難者・被災者の苦悩について。中越地震の際にも、被災者は多かれ少なかれ喪失感をもった。しかし、自然災害による被害感情は（個々により違いはあるが）比較的早く薄れるのかもしれない。何よりも、インフォーマルな資源の支えがあった。県外避難者の場合は、日常的に気にかけてくれる誰か、信頼できる相談相手がいないケースがある。それもあって、放射線と将来への不安、故郷の喪失感、被害感情が持続する傾向がある。

中越地震の際には、個人の心の健康の回復や家族全体への支援において、コミュニティの存在は大きな役割を果たした。たとえば、「高齢者の集いを身近なコミュニティセンターなどで開催することで、疾病の早期発見や孤立予防に役立てた。夜間に働き手を対象に健康講話や相談会を開催したりしたことは、住民同志のコミュニケーションを活性化し、コミュニティの再生に大きく役立った。またコミュニティで起きている問題を住民同士が話し合い、解決するなどできた。

しかし、県外避難者支援において、このコミュニティというツールを使うことができないでいることは、長期化すればするほど大きな影響を及ぼしている。核家族化が進んだ今では、コミュニティは一見、世間体やルールの存在など煩わしいと感じる面もあるが、コミュニティを持たない避難者の支援

を行う中で、コミュニティを持たないということは、近隣住民や地域の人から関心を持たれなくなるということでもあると実感した」（田村・松井 2020: 445）。この点については、以下でもう少し考えてみることにしよう。

3-3　深まる困難

次に、「協会」が 2018 年度から受託している「福島県県外避難者への心のケア訪問事業」を中心に、2020 年 8 月時点での活動のとりまとめについて紹介する[6]。この業務の目的は、原発事故により「福島県外に避難する福島県民に対し、避難先を訪問し専門職による心のケアを実施することで、県外での避難生活を安定した状態で送ることができるようにすること」である。対象となっているのは、原発避難者特例法による 13 市町村からの避難者のうち、市町村から、母子・父子世帯、高齢者世帯、単身世帯、障害者世帯などを抽出した名簿の提供があった世帯（新潟県の場合 232 世帯）である。訪問の結果、面談できたのが 84 世帯で、うち精神的な不調や経済困窮等で要支援と判断されたのが 46 世帯だった。なお、この事業では、区域外避難者（自主避難者）が訪問対象外だったことに注意しておく必要がある。

相談と支援の変化

相談内容の大枠は、上述したものから大きな変化はなかった。ただ、経済的に困窮し、生活が立ち行かないという内容は増加している。借り上げ仮設住宅提供の終了や東電による賠償の終了なども影響しているだろう。また、思春期の子どもに関する相談も増えているという。小学校入学前に避難した子どもは、高校進学や高校生活での悩みを抱える年齢になっている。具体的には不登校や高校中退などについて、親や本人からの相談がある。子どもの年齢が上がるにつれて、進学に関する費用もかさんでくる。そのほか、介護認定や予防接種などの社会資源の利用の仕方がわからない、体調不良や精神的な不調、家族関係の悩みなどが目立つ。

それに応じた具体的な支援内容としては、アセスメントの実施や問題の整理、見守り訪問、関係機関との事例検討会や連絡調整など中越地震後の支援

と重なるものも多い。ただ、緊急の困りごとに直接対応しなければならないケースも目立つ。いざという時に頼れる人が、近隣にいないからであろう。また、今回の県外避難者支援で特徴的なことは、家族や友人と同様の「話し相手」の役割が求められることである。時間が経過して避難元との関係が希薄になっていくなかで、支援者に対してインフォーマルな人間関係を求める傾向があるという。

　避難が長期化したため、物理的な距離の問題が大きくなってきた。隣県といっても、すぐに行き帰りできるわけではない。そうした物理的な距離が、家族関係の希薄化などの心理的な距離につながっていくと感じられる。また、自宅にこもりがちだったり、近隣とのつきあいがなかったりすると、本人が困っていることにまわりが気づくことは難しい。中越地震の経験でも、相談相手の有無が精神的な健康にあたえる影響は大きかった。避難者の孤立化が進むことは、心の健康状態の悪化に結びつく可能性が高い。

　また、「協会」が連携して避難者支援にあたっている専門家の意見として、次の点は重要だろう。「バラバラで避難しているため、災害時にみられる地域の治癒力が機能しない」（精神科医）。「ストレス耐性が弱い人はなんらかの症状としてストレスを表現するが、耐性の強い人は負荷に耐えている分、見えない歪みを抱え込んでいる可能性もある」（臨床心理士）。後述するように、「地域の治癒力」というのは重要なキーワードだと思われる。また、安定しているように見える人も、けっして安心はできないということも必要な視点であろう。

10年目を迎えた避難者の現状

　「協会」が相談に乗る避難者は、さまざまな問題を抱えた要支援者が中心である。その一方で、困難を乗り越えて生活再建を果たしている避難者も少なくない。ただし上述したように、外からは見えないが、整理のつかない葛藤を抱えている可能性もある。この点は、本書の全体を通じても注視しているところである。

　「協会」によれば、なんらかの問題や精神的不調を抱えた避難者の現状は

次の通りである。帰還や定住の決心がつかないまま、依然として「とりあえず」の生活を送っている。自宅を購入・新築した避難者は、一見すると新潟に定住することに決めたように思える。しかしよく話を聞くと、「まだ迷っている」、「とりあえずいまは新潟で生活する」と言う人もいる。

　長期化することで震災前から抱えていた問題が、前倒しで顕在化する場合もある。ふるさとを失った喪失感や悲嘆は目には見えないものだが、非常に大きいと感じられる。単身者の引きこもり、孤立化、高齢化は進んでいる。不眠や精神的不調を訴える人も少なくない。経済的な問題は、深刻さを増していて、解決が難しい。これらの問題は、長期避難で心身の疲弊が慢性的になったことにより、より複雑化している。避難者の生活再建は、結局のところ個人の力にゆだねられてきた。その力を支えるような制度や支援策だったのか、厳しく問い直されなければならないだろう。

　多くの避難者が体験をみずから語らないことも、中越地震後と比較して特徴的である。その理由を「協会」担当者は次のように推測している。原発事故がまだ終わっていない災害であり、避難も終わっていないこと。福島が原発事故によって自分の故郷ではなくなり、誇れる場所でもなくなってしまったこと。賠償などについて詮索されたくないこと、などがかかわっているのではないか。この「体験を語らない」ことによって、10 年近い時がたっても、実際の被害や影響がいまだに明らかになっていないとも考えられる。たとえ支援者への相談件数が減少したとしても、それはけっして「困っている人」が少なくなったことを意味しているわけではない。

3-4　支援の現場からの知見

社会関係の喪失と孤立

　新潟県を含む全国各地で、前例のない長期県外避難が続いている。ここまで「協会」による県外避難者支援の取り組みを対象として、困難を抱える避難者からの相談対応に携わった当事者の経験とそこから得られた知見についてみてきた。それを簡潔にまとめると次のようになる。

　原発事故直後は、ほとんどの避難者も支援者も、事態がこれほど長期化す

るとは考えていなかった。時間の経過とともに避難者の抱える課題は変化し、生活や状況の分化が進むのにともなって避難者間の格差も深刻化していった。その一方で、放射線に対する不安や将来の見通しが立たないことなどは、一貫した問題として存在していた。避難者の分化・多様化とともに、支援者の側でもそのニーズを把握することが難しくなり、避難者が抱える複雑化した問題への対処が困難になっていった。

支援体制全体をみると、避難前の生活では当たり前に存在していたインフォーマルおよびフォーマルな社会資源が、県外避難によって大きく失われていることが影響していた。避難者を受け入れた行政や民間の支援団体、委託事業等を通じて支援体制の構築が試みられたが、避難前の社会資源を補うことはできなかった。数としては多くの支援事業が存在したが、避難者個々の事情に沿ってコーディネートする存在を欠いたために、避難者の生活再建に有効だったとは言いがたい。その上、避難の長期化にともなって、災害の風化や避難者間の分断、避難元との関係の希薄化などが進み、避難者は困難を抱えたまま孤立を深めていった。

結局のところ、長期的な展望も仕組みの整備もないままで、場当たり的で小出しの対応が繰り返されたことが、こうした事態をもたらしたといえる。一年更新の委託事業に象徴される政策が、避難者と支援者を先の見えない状況に追い込んでいった。現場への無責任な丸投げが、避難者の苦境と支援者の苦悩をもたらしたのである。

コミュニティの役割

自然災害の場合は、時間の経過とともに（被災者の心の復興を含む）復興・回復が進むのが通常である。しかし、今回の原発事故による長期避難においては、時間の経過はむしろ避難者の心の復興や生活再建をますます困難にしていくようにみえる。その理由はどこにあるのだろうか。ここまでの検討から浮かび上がってくるのは、コミュニティのもつ役割である。

ふだんはとくに意識しないが、われわれは居住する地域において、家族や親戚、友人知人、職場の同僚や近所の人などさまざまな関係に取り囲まれて

暮らしている。そこでは、（濃淡はあるにせよ）たがいに関心をもち合い、情報や労力を提供し合うようなかかわりが存在している。こうしたコミュニティが避難によって失われたことにより、さまざまな負荷が個人にかかるようになる。さらにそこに、放射線に対する意識の違いや賠償の有無、避難元との距離などによって分断や軋轢が生じる。コミュニティの再生どころか、時間の経過につれて着実にコミュニティが崩れていったようにみえる。それは、避難や賠償をめぐる複雑な「線引き」により政策的に創出・加速されたものでもある（藤川・除本編 2018）。

　中越地震などの自然災害の場合は、コミュニティの資源をさまざまに活用し、一体感を醸成していくことで地域の復興を進めていった。それは、被害を受けて苦しむ個々の被災者が再生していく基盤ともなった。しかし原子力災害の場合は、コミュニティを基盤とした社会関係が深刻なダメージを受け、いわば個人を丸裸にしてしまう。「ふるさとの喪失」は、「私たちの日常生活を支える諸条件の『束』」である地域の「解体」を意味しているが（除本 2015）、日常的な社会関係からの切断はその重要な一項をなすだろう。

　こうした点からは、今回の原発事故への対応の本質的な困難さがうかがわれる。それを考えると、原子力災害を繰り返してはならないというほかはない。他方、今後も予想される自然災害による広域避難への教訓としては、中長期的展望をもって構造化された支援体制の構築、被災者ニーズの徹底的な把握、そして心のケアや生活再建支援のスキルをもった専門職の活用、といったことがあげられる。

　原発事故が収束せずその影響も消えないため、日本全国で避難が続いている。こうした「終わらない被害」についての徹底的な検証が必要とされている。

4. むすび——地域の治癒力

自然災害と原子力災害を分けるもの

　新潟県で原発事故による広域避難者の支援にあたってきた人びとの多くは、

近年の中越地震・中越沖地震の際にも被災者支援にあたった。そうした自然災害の経験と比較すると、今回の原発避難者の生活再建や心の復興の難しさが際立つという。自然災害による被害と原子力災害の被害を分けるものは、どこにあるのだろうか。これまでの論述をもとにまとめると、以下の点が指摘できるだろう。

　第一に、避難指示が解除されても避難元が元通りになるめどが立っていないことである。人口構成も生業・仕事、生活基盤も回復しないままである。区域外避難者にとっても避難元の環境は様変わりしており、放射能汚染が解消されたわけでもない。またいずれも、避難先での生活は「仮の」ものと位置づけられている。将来展望が描けないため、どうしても現在の生活が暫定性を帯び、断片化してしまう。将来のビジョンとの関連で過去の経験を再構成、再定義することが困難なのである。

　第二に、主として放射能の影響に対する考え方が違うために、家族や友人、隣人の間でも経験に対する意味づけの共有が難しいことである。それに、避難先・避難元それぞれの「空気」やまなざしの厳しさも意識せざるをえず、理解し合うことが難しいと受け止められている。避難先でも避難元でも孤立と分断を感じて、さまざまなことを自分で判断し、その責任も自分で抱え込むことになってしまう。

　第三に、長期避難の継続により避難元で取り結んできた日常的なインフォーマルな関係が失われてしまった。避難先において避難元と同様の関係を新たに築き直すことは、通常きわめて困難である。多くの避難者にとって、避難先・避難元の双方で、日常的な関係の網の目から取りこぼされてしまい、何気ない配慮やサポートを失う。この点も、遠距離の避難を長期に継続せざるをえない原子力災害に特有の被害と言えるだろう。

地域の治癒力

　最後の「日常的なインフォーマルな関係」が適切に機能すると、3節でふれた「地域の治癒力」がはたらくことになる。この「治癒力」について、中越地震後の「こころのケアセンター」で支援に取り組んできた「協会」の担

当者は、次のように話してくれた⁷。

　地震災害の被災者も、家や仕事などの生活の基盤を突然失った。大切にしてきた品物や楽しみにしていたことも奪われてしまった。避難所や仮設住宅での厳しい生活も経験した。被災者の多くはそうした喪失体験をもっており、うつや自殺につながることが心配された。震災前から潜在していた、アルコール依存や経済的困窮の問題、家族や地域の人間関係における問題などが、被災を機に傷口を広げることもあった。

　そこから被災者は、どのようにして回復を遂げていったのだろうか。担当者によれば、「被災者同士がたがいの経験を話すこと」が大きな役割を果たしたという。地震からある程度時間が経過してから、被災者はコミュニティの隣人に自分の震災経験を語りはじめた。他者に語るためには、自分のなかで経験を整理する必要がある。時間をかけて整理する作業を通じて、被災者は自分の喪失体験に向き合い、消化することができるのではないか。もちろん、整理しきれず、消化しきれない部分は残る。それについては、なんとか自分のなかで折り合いをつけ、共存していくしかない。

　被災者は、被災者同士で話すだけでなく、支援者に対しても体験や思いを話すようになっていった⁸。「私は中越での活動との比較をしているのですが、中越の時には、震災から生活再建ができるころ、3〜5年ごろになると、皆さんそれぞれご自分の体験を何度も何度も話されていたのですが、そのメンタルな部分を強く表現されていました。『苦しかった』、『大変だった』、『でも人が訪ねて来てくれてほっとした』というようなものです」。

　おそらくこの点が、今回の原発避難のケースと決定的に違うのだろう。本書の1章と2章で見てきたように、避難当事者のグループのなかで、あるいは支援者や避難先住民との間で経験を話し、共有する機会はあった。しかしその場は、だんだんと狭まり、失われつつあるように思う。とりわけ、長い時間を共有してきた地域コミュニティが解体してしまった影響は、あまりにも大きい。

　「こころのケアセンター」が蓄積してきた知見、すなわち「被災者一人ひとりの被災体験を受けとめ、丹念に聞き取ることの重要性」、「被災者が被災

を受け入れながら、それでもまた自分の人生を再構築し、生きていく、その生きていく力をささやかに支援し、消えない悲しみや苦しみに長い時間をかけて寄り添っていく」こと。いま原発避難者や支援者が置かれている状況は、こうした取り組みを難しくしている。それが、避難者の回復を遅らせている。こうした〈経験を語ること〉の意味あいについて、次章でもさらに見ていくことにする。

注
1　対象者の年齢は東日本大震災発生時点、年月はインタビューの実施時期である。
2　避難者が、避難元および避難先の2つのコミュニティと取り結ぶつながりと「ゆれ」については、松薗（2016）、高木（2017）も参照。
3　中越地震（および中越沖地震）の際の「こころのケアセンター」の取り組みについては、新潟県精神保健福祉協会こころのケアセンター編（2014a，2014b）、田村ほか（2016）などを参照。
4　この事業による2017年度までの取り組みについては、新潟県精神保健福祉協会編（2019）を参照。
5　インタビューは、新潟県が設置した原発事故検証委員会（健康・生活委員会生活分科会）での報告のために実施した（本書第4章参照）。またここでの「文献」は、田村・松井（2020）を指す。「協会」担当者（田村）執筆分については、かぎかっこで引用している。
6　2020年8月に開催された原発事故検証委員会（健康・生活委員会第8回生活分科会）における、新潟県精神保健福祉協会の報告に依拠している（本書第4章参照）。
7　2020年6月に実施した打ち合わせの際の発言。
8　注6と同じ「分科会」での「協会」担当者の発言。

第4章　被災・避難の記録と検証

1. はじめに

　東日本大震災の後も、日本列島では大きな自然災害が相次いでいる。2016年の熊本地震や2018年の北海道胆振東部地震などの地震災害があり、また2018年の西日本豪雨や2019年の台風19号による豪雨などの豪雨災害も毎年のように起きている。自然災害とは異なるが、いままた「コロナ禍」が日本だけでなく世界を覆っている。

　戦後最多の人的被害をもたらし、最悪レベルの原発事故まで引き起こした東日本大震災の後しばらくは、日本社会はこれを機に生まれ変わるだろうという議論も多かった。しかし、時間の経過とともに、こうした反省や強い思いは徐々に薄れてきている。自然災害が相次ぐなかで、記憶が上書きされていくことも関係しているかもしれない。直接の被災当事者以外の間で忘却（風化）が進んでいくことは、やはり押しとどめがたいだろう。

　一方で、とくに原発事故については、政策的に「終わったこと」にしているようにも見える。「復興」や「避難終了」を前面に押し出すことによって、被害そのものが覆い隠されつつあるのかもしれない。非当事者である私たち自身の記憶も、日々の雑事に追われ、災害も相次ぐなかで薄らいでいく。厳しい現実を忘れたい、見たくないという思いも、それに重なってくる。「終わったことにしたい」政策的意図と「見たくない」私たちの願望が共振すると、原発事故による被害は本当に見えなくなってしまうだろう。

　こうした現実を前にした時、原発事故を含む災害の「記憶」をどのように考え、位置づければいいのだろうか。放射能が長い時間のうちには自然に

減衰していくように、記憶も薄らいでいくことはやむをえないのだろうか。「忘れること」は、生きていくために必要な能力かもしれない。しかしそれにしても、忘却のスピードがあまりに速く、そこには「忘れてはいけないこと」も含まれているのではないか。それは、私たちの社会にとって巨大なリスクになるのではないか。

　本章では、災害の記憶を共有すること、記憶を記録にとどめることの意味について考えてみたい。それは2つの点から考えることができる。一つは、被災当事者にとっての意味である。前章の「地域の治癒力」ともかかわる。被災当事者にとって、つらい災害の記憶を振り返り、それを共有したり記録にすることは、どのような意味をもつのだろうか。もう一つは、被災当事者も含む社会にとっての意味である。この社会にとって、被災の経験を記録し、記憶にとどめること、それをもとに「検証」することには、どんな意味があるのか。これが本章の問いである。自然災害と原子力災害の違いも念頭におきながら、この問いについて考えてみたい。

　以下ではまず、新潟県中越地震の被災者にとっての「記憶」について取り上げる。記録の作成や記憶の共有が、被災体験を整理して再び前を向くきっかけになった事例を見ていく。ついで、原発避難者にとっての記憶について考える。避難の経験やその記憶の共有が、原子力災害に特有のさまざまな条件のもとで、難しくなっていることを述べる（第2節）[1]。

　次に、原発事故の経験と記憶を記録に残し、社会で共有する試みの一つとして、新潟県による原発事故検証委員会の取り組み（「3つの検証」）を紹介する。とくに「生活への影響」をテーマとする分科会の議論を取り上げ、現時点までの検証の状況を示す。原発事故による生活への影響が多面的で、深刻なものであり、回復が困難であることを述べ、検証の意義についても言及する（第3節）。

2.　災害の記憶と記録

2-1　記憶と場所

二通りの記憶

私たちは時計によって時間を計る。私たちの生活は、「正確に計測され、均一かつ無数の小さな単位」へ分解される時間に則って成り立つ。ジョン・アーリは、こうした特徴をもつ時間を「クロック・タイム」と呼んでいる（アーリ 2006: 201）。つまりクロック・タイムは、世界中のどんな空間においても均質に一様に流れている時間である。時間は未来へ向けて直線的に経過するもので、〈いま〉はあっという間に流れ去って過去になる。しかし、このような近代的な「水平に流れ去る時間」は、唯一の時間の捉え方ではない（吉原 2004，浜 2010）。

浜日出夫は『つみきのいえ』というアニメーション映画を手がかりとして、それとは異なる「もう一つの時間と空間」について述べている。「『つみきのいえ』は、『水平に流れ去る時間』とは別に『垂直に積み重なる時間』があること、それは記憶として沈殿している時間であること、そしてその記憶がモノや空間と結びついていることを示している。この記憶と結びついた空間を〈場所〉と呼ぶことにしよう」（浜 2010: 469）。

こうした浜の議論をふまえて、佐久間政広は、山村に居住する高齢者の強い定住志向を説明する。「この浜の考えに基づくなら、山村に長年住み続けてきた高齢者にとって、慣れ親しんだ山や森、川といった風景、人生の大半を過ごしてきた屋敷や庭は、その人自身が経験してきたさまざまな過去の出来事の記憶と結びついている『場所』にほかならない。高齢者にとって慣れ親しんだ風景や建物は、たんなる無意味で均質な空間やモノではない。そこには自身の人生の記憶が沈殿し積み重なっており、それゆえそこに住み続けることは自らの過去とつながり続け、この過去との関連で現在の生を位置づけることができる」（佐久間 2017: 103）。

体験を語る

　こうした記憶・時間・場所をめぐる議論を手がかりとして、災害による喪失と再生について考えてみたい。池田啓子は、阪神・淡路大震災（1995 年）の被災者を対象として、とくに高齢の被災者にとっての「喪失」について論じている。「平常時における高齢期の重要な課題は、『一貫性のある自我の維持 maintenance of self-consistency』とされる」が、災害はさまざまな点でそれを難しくする。突然の大震災により、住みなじんできた環境や「もの」を失うことは、「自分たちの人生を過去、現在、未来の経験領域につないでいた接点との結合感」を失うことになる。それは、被災者の「自己継続性 self-continuity」や「自立と自己尊厳（self-esteem）」の喪失につながる（池田 1997: 167-172）。

　池田は、こうした高齢被災者の喪失を補うものとして、「震災体験を語る」という行為に注目する。ある夫婦の事例について、次のように述べている。「とくに印象深かったのは、彼ら自身が震災体験を語るときに、地震という体験を自分の人生のなかで再定義し、位置づけようとしていたことだ。……もちろん、このような象徴行為は、地震のあたえたダメージをやわらげはしない。しかし自己のおかれた状況を積極的に意味統制（mastery of meaning）しようと試みることは、自己の体験を客観化し、それを自分の人生に統合する勇気をあたえる」。体験を語る行為は、体験の再定義、位置づけ、客観化をもたらす。それは、「それなりの今」を受け入れ、新しい意味を見いだすことに結びつくのである（池田 1997: 172-174）。

　高齢であればあるほど、「垂直に積み重なる時間」は長く、沈殿し積み重なる人生の記憶は深い。したがって、それが災害によって失われることのダメージはより大きいといえる。しかし、たとえ比較的若い年齢であっても、それなりに時間は蓄積し、大切な記憶ももっている。池田の議論は、多かれ少なかれすべての世代に当てはまると考えてもよいだろう。被災者は、どのようにして住みなじんできた環境や「もの」の喪失と向き合ってきたのか。その際、体験を語ることはいかなる意味をもったのか。

2-2　中越地震の記憶と「語ること」

体験記の作成

　新潟県中越地震（2004 年）の被災地では、自治体や企業・団体などによる公的な記録誌の作成とは別に、一般の市民の手で被災経験を記録する活動が数多くみられた。その中心的な担い手となったのは、多様な女性たちのグループである。地震のためにつらい経験をしたけれども、それを記録に残して次の災害への備えにつなげたい。そうした思いが、共通の動機づけになっている。

　たとえば、長岡市のある女性学の学習サークルに集う女性たちは、『へこたれていられない！』と題する地震体験記（冊子）を 2 年続けて刊行した（松井 2011: 70-73）。災害はふだんからそこにある問題を顕在化させる。被災地では「男女共同参画」はお題目にすぎず、家庭や地域の実態は相変わらず男性中心のままだった。男性がすぐに職場復帰する一方で、避難所でも家庭でも地域でも、女性たちは良い妻・嫁・母を演じるプレッシャーを感じていたのである。記録集には、メンバーそれぞれの体験を記した手記と地震体験を語り合ったフォーラムなどを収録した。

　この記録集をつくった結果、次のことがわかったという。「自分の体験を綴る、語る、それでそのなかの経緯がわかって、どういう状態に自分がいたのか、そしてこれから何をしなきゃいけないのかというようなことが見えたな、というのがこの冊子をつくってわかったことでした」[2]。自分たちの経験を文章・語りなどの形でいったん対象化し、それを持ち寄ることによって、自分の位置や今後進むべき方向性を確かめることができたのである。

　その結果、グループの活動のスタイルも変わっていった。「女性学だジェンダーだという言葉ではなく、もっと身近な言葉で話し合いをする、人のことによく耳を傾ける、自分たちが学んだことをこうなのよ、ああなのよというふうに手を広げてみせつけるんではなく、相手の話を聞くことで私たちが学んで、手のなかにいれたものと一緒なのよね、ということをこう共感したいっていうことですね。……おっきなものから始めるんではなくて、小さな

あなたの問題、私の問題からじっくり聞く。じっくり聞くってことは、相手がゆっくりしゃべるってことですよね。それはわかりやすい方法なんじゃないかって思ったんです」[3]。

記録の集約と提言

　被災の記録を自由意志で自主的に残そうという動きは、中越地震の被災地で同時多発的に起こった。経験を記録した多くの冊子類が刊行されたが、時間の経過とともに散逸してしまうことが危惧された。そこで、地震から4年後に「『女たちの震災復興』を推進する会」が結成され、さまざまな団体が作成した記録を集約し「女性たちの思い」をまとめる事業が始まった。この会が2010年に刊行した記録誌『「忘れない。」女たちの震災復興』には、24点の冊子類から抜粋された「被災女性の声」が掲載された。それにより、各グループの記録集の存在と特徴を知ることができるとともに、震災を女性の視点で見つめた貴重な声を集約したものになっている。それは、みずからのつらい経験を対象化し、教訓として社会に発信しようとする試みだった。

　こうした女性たちの活動は、自治体の政策にも反映されることになった。長岡市は、女性たちの声を受けて地域防災計画を見直し、男女共同参画の視点で災害に対応することを盛り込んだ。たとえば避難所運営の項目には、「男女の視点の違いに十分配慮し」という目標が掲げられ、具体的には「授乳室や着替えスペースの確保、視聴覚室など使用可能な教室を開放して子供を遊ばせるなど、女性の視点に立った避難所運営に努める」と記されている。また、2011年4月に施行された長岡市男女共同参画社会基本条例には、防災に関して「市は、災害復興を含む防災の分野において、男女共同参画社会の形成が促進されるよう必要な措置を行うものとする」という条文が盛り込まれた。

　中越地震の経験を記録する女性たちの活動は、地元自治体の施策に反映されるとともに、東日本大震災の被災当事者にもいくつかのルートを通じて届けられた。被災や復興の局面で軽視されてきた「女性の視点」は、こうした努力を通じて少しずつ根づきつつあるといえる。被災を記録し記憶を継承す

る営みは、当事者である女性たちやそのグループにおいても、みずからの活動を振り返り、より地に足のついたものにする契機となっていった。このように経験を意味づけ、再定義する試みは、被災者が再び前を向く起動力となったと考えられるし、施策や制度として現実化していくことは当事者にとって「やりがい」をもたらしたと言える（松井 2011: 64-75）。

経験の意味づけ

　中越地震の象徴的な被災地だった旧山古志村（現長岡市）では、およそ2,000 人の住民が「全村避難」を経験した（松井 2008）。ほとんどの住民が、これまで築き上げてきた生活と生業を突然奪われ、見慣れた風景は跡形もなく崩れ去った。これまで疑うことなく確かだと思ってきたものが、ある日突然失われる。その傷は、時間がたってもそう簡単に癒えるものではない。人びとが自分を立て直していくためには、何がきっかけになるのだろうか。

　「うちは全壊だったんで、何も出せないでひと冬過ぎちゃったから、持ち帰ってくる荷物なにもなかったんだけど。そう、価値観も変わったかな。あれもあったこれもあったって思うんだけど、実際こう買い直さなきゃならない大切なものっていうのはたいしてなくて。……ここにいて小さい生活していればそれなりに、十分な活動できますから。原点に戻ったっていうかね、人の心がわかったっていうか。大勢の人から心配していただいて、友人とか何年も連絡取ってなかった人から、思わぬ心配のお見舞いのメールとか」（女性 40 代）[4]。

　多くの物を失ったからこそ、大切な物が見えてくる。それが本当に大切な物だと気づくことによって、地震の体験を相対化し、意味づけることができる。次に取り上げる女性は、阪神・淡路大震災を経験した親戚の大変さを十分理解していなかったことに、自分が被災者になってはじめて気がついた。

　「だいぶたってから私に（その親戚から）『大丈夫でしたかって』電話が来たんですよ。電話受けたとたん涙が止まらなかった。今度あの人は私が体験したのを聞いて、自分も体験したことだから、がんばってねえじゃなくて、これからが大変よってこと言ってたから涙が止まらなくて。だから経験をし

た人同士じゃなきゃ、この地震でもなんでもそうだけど、わかりあえないんですよね。……都会の人は地震になればもっと大変だから、こういうふうになった時は一生懸命わかってもらうように、体験した人が何かの形で知らせなきゃ駄目だなって。戦争を経験した人が語り部になるっていうけど、地震も同じだと思うね」（女性60代）[5]。

　地震の被害の深刻さ、その後に続く避難生活の大変さは、本当のところ体験した人にしかわからない。だから体験に裏づけられた言葉は重く、それだけに他者の心にも届きやすい。中越地震を体験する前の「わかっていなかった」自分と、体験後の自分は違う。これから先、予想される巨大地震のことを考えると、自分の体験を伝える「語り部」になることには大きな意味がある。

記憶の共有

　ヘリコプターによる全村避難のすぐ後で、当時の山古志村長は「皆で山古志村へ帰ろう」という目標を語りはじめた。経済合理性の観点から、住民を山から下ろして平場での生活再建を模索する動きも一部にはあったと言えるなかで、マスコミを通じての村長のアピールは大きな社会的・政治的意味をもった。これ以降山古志村は、中越地震からの復興のシンボルという位置づけをもつことになる。

　山古志村は、長岡市との合併直前（2005年3月）に「帰ろう　山古志へ」と題した独自の復興計画を策定した（山古志村編2005）。住民の帰村と集落の現地再生をめざして、復興の方針とスケジュールが示されたのである。地震の翌年7月には、比較的被害の少なかった8集落の避難指示が解除され、順次帰村が進んでいった。一方、ほぼすべての住宅が全壊した残りの6集落では、集落ごとの地区別懇談会などにより集落再生計画が策定された。最終的には、2007年12月に住宅の再建が完了し、帰村希望者全員が山古志に戻ることができた。

　山古志地域は日本有数の豪雪地帯で、平年でも3メートルほどの積雪がある。冬ごとに繰り返される屋根の雪下ろしや道つけなどの作業は、暮らし

のリズムを刻み、集落の共同性を育んできた。住民への聞き取りでも、山古志の魅力として、ムラを取りまく自然の美しさ、空気のきれいさ、水のおいしさといった自然環境をあげる人がもっとも多かった。季節になると山菜採りやキノコ採りが大きな楽しみになったし、田畑での作業は産業としての農業というより暮らしそのものだった。住民同士の日常的なモノのやりとりや「お茶のみ」なども暮らしに刻まれていた。

　こうした震災前の「山の暮らし」の記憶に加えて、中越地震の記憶も共有されることになった。被災直後には住民による安否確認や救助活動がおこなわれ、その後は集落や近隣で身を寄せ合ってすごした。ヘリコプターで平場に避難してからは、避難所や仮設住宅で苦労を共にした。こうした苦難の記憶が共有されたことも、上記のような経験の意味づけを後押ししたと言えるだろう。さらには、「皆で山古志村へ帰ろう」というスローガンにより、「将来」に関するイメージも一定は共有することができた。このことも重要な意味をもったと思われる。結果的におよそ7割の世帯が、帰村した上で生活を再建していった。この場合は、記憶と将来ビジョンの「共有」が、「それなりの今」を受け入れて前に進む力となったといえる（松井 2011: 20-41）。

　中越地震の際には、（むろん個人差や地域差はあるだろうが）上述のように経験の共有をふまえて、自分の体験を語り、意味づけ、再び前を向くことが可能となった事例を確認することができた。前章の「むすび」で述べたように、時間をかけて整理する作業を通じて、被災者は自分の喪失体験に向き合い、一定は消化することができた。2011年の原発事故・避難の場合はどうだったのだろうか。

2-3　原発避難の記憶

ゆれる思い

　2011年3月の東日本大震災・原発事故のあと、ピーク時には1万人近くが福島県から新潟県に避難した。多くの住民は、避難指示の拡大に合わせて文字通り「着の身着のまま」の避難を強いられた。自宅も仕事も失って、慣れない避難先で暮らしていくことは、苦難の連続だった。本書の第1章で取

り上げた木村一哉の例を振り返っておこう（第1章2-2）。

　福島県富岡町から、妻子とともに新潟県柏崎市に避難した木村は、避難後1年間は暗中模索の生活をしていた。先の見えない不安のなかで生活していくのがやっとであり、「不安のなかで闘って」いた（2012.4）。その1年後に振り返ってもらった時は、「タンポポの種みたいなもの、風に吹かれて着いたところがここ」と話してくれた。居住制限区域に指定された富岡の自宅の惨状を目にして、「生まれ育った土地なので惜しむ気持はある。かといってそこに未来はない」とも語った（2013.7）。

　その一方で、その2年後には「気持ちの奥底では富岡を捨てられない」と話す。避難先に自宅と事務所を新築して新しいスタートを切ることが決まっていたが、将来への不安も抱えたままだ。「つながりをもっていたい、けど思い切って切り離したい。すべてが中途半端」なのである（2015.6）。そして2019年には、「いまはどんどん変わりすぎているので、なつかしいというのはもう薄れています」と話した（2019.8）。避難するまでの自分の人生が詰まっている故郷に対して、「つながっていたい」と「切り離したい」の間でゆれる思い。それは、多くの避難者に共通していた。「こうした原発避難者にとって戻ることのできない故郷は、切り離すこともできなければ、愛着し続けることもできないのである」（佐久間 2020: 229）。

故郷の記憶

　こうした故郷の記憶について、他の避難者の言葉も取り上げておきたい。大熊町から避難した内山史子は、木村と同様に、そこで子どもを育ててきたあたたかい記憶と原発事故後に立ち入り禁止となって荒れていく家と故郷の姿の間でゆれている（第2章2-2）。「防衛本能なのか、大熊での暮らしをかなり忘れてきているんです。本当は忘れたくないのに、忘れてきている」（2013.7）。「とってもなつかしくていい場所。思い出になってきているんでしょうね。思い出しますね」（2015.6）。「いまも思い出します。ふとした時に、なんでここ思い出すのかなって思うような」（2018.7）。時間の経過のなかで、記憶との距離が近づいたり離れたりしている。

　避難指示によって、すべての住民が離ればなれになった地域も数多い。す
ぐには戻れなくても、ゆるやかな関係を維持していれば、いつかは帰りたい、
復興に貢献したいと思う子どもたちも出てくるかもしれない。そんな思いで、
後藤素子は避難先からもとの住民に向けた「通信」を発行し続けたきた（第
2 章 3-1）。そこで訴えたいのは、「暮らしの記憶」の想起と継承である。

　　　小学校の秋祭りのときに、地域の人と『ポン菓子』をつくって食べた。
　うちの子どもは、それがすごく印象的だったと言っていました。ほんと
　にただのポン菓子なんだけど、それを地域の人と一緒にやったっていう
　記憶。それが、なんか心に残る。派手なものは印象に残るかもしれない
　けれど、それは心に残ってふと思い出す。地域の人たちに見守られてあ
　んなことやっていたなあっていうのを思い出す（2015.6）

　長いスパンで故郷の再生をはかるためには、こうした「地味な部分」をあ
らためて思い起こし、可能な範囲で再建していくことが大切なのかもしれな
い。
　ところがその一方で、放射能や賠償にかかわる偏見と差別のまなざしから、
故郷を隠すことを強いられるケースも少なくない（第 1 章 3-2）。「［娘は］福
島県民であることを、一生隠していかなければならない」。「福島県から来
たっていうことは、口が裂けても言えない」。いわば、記憶を封じ込めるこ
とが求められてしまうのである。原発避難者にとって「故郷の記憶」は、ゆ
らぎと両義性をもつ。

「記憶」のもつ意味

　先に見たように、池田（1997）によれば、「記憶を語る」行為は、経験の
再定義と位置づけにつながるものだった。時間の経過とともにみずからの被
災の経験を整理することで、自己了解・自己納得に結びつくものとして位置
づけられていた。
　しかし原発避難者にとっての記憶は、経験を再定義して前に進むことにな

かなかつながらない。根を下ろすだけの堅固さは、そこに備わっていない。すなわち、「それなりの今」を受け入れるための条件が欠如している。それゆえ、今回の原子力災害の場合は、時間の経過が被災者の再生・回復に結びつかないのかもしれない。

避難者はこの間、「宙づり」の感覚、踏みにじられている感覚を抱き続けてきた（本書第1章2-3, 3-3）。「5年以上たったいまでも、避難しているという言葉のせいなのか、地に足をつけて生活しているという実感はないです」。「うちらはね避難民じゃないですよ、地に足が着いていないんだから難民です」。

その理由としては、避難者が、「人生の次元」抜きの「生活の次元」を強いられてきたことが考えられる（若松・和合2015, 松井2017）。原発事故と避難によって、これまで築き上げ、蓄積してきた、それぞれに固有の「人生」の連続性が突然断ち切られてしまった。それにより、過去から未来を貫く生の軸、自分の位置を見定めるための尺度を喪失してしまったのである。次の言葉は、この事態をよく示している（第1章2-1）。「ビジョンはとくに持ってないです。毎日アップデートしていく感じ。……何年後にこうなって、その後にこうなってというのが打ち砕かれたんで。あれっ、ゼロから？　みたいな感じ」。

その背景にあるのは、第一に、避難者がおかれた現在の厳しい状況と将来展望を描くことの難しさである。たとえば、家や故郷は荒廃し、放射能汚染からの回復は困難である。そのために、避難者の生は、暫定性を帯びて断片化せざるをえず、「将来」（ビジョン）との関連で過去の記憶を再構成・再定義できない。

第二に、被災と避難の経験、その記憶の共有・理解の難しさをあげることができる。たとえば、放射線の影響に対する考え方の違いなどによって、分断と孤立化が進む。そのため、家族や隣人、友人でさえも記憶を共有し、認め合うことができない。したがって、これまでもさまざまな判断を自分で下してきたし、その結果を自己責任で抱え込むことを強いられてきた。「話す－聞く」経験を繰り返すことで自己回復をはかる道が、きわめて狭められて

いる。

2-4　記憶の政治

　歴史をどう記憶・記録し後世に伝えていくかという問題は、政治や社会の
ありようから影響を受ける。たとえば戦争をめぐる加害と被害の記憶は、事
実認識にかかわる問題であると同時に政治的・社会的に編制されるものでも
ある[6]。水俣病などの公害についても、その被害と加害をどのように地域の
記憶にとどめるのかには、複雑な感情や利害がからみ、一致点を見いだすこ
とは簡単ではない[7]。

　こうした記憶の政治性、社会性の問題は、原発事故・避難のような同時代
的なできごとにおいても同様に考えることができる。加藤眞義は、関礼子
(2015) の議論をふまえて、「復興」をめぐる時間軸について考察している
(加藤 2019)。加藤によれば「時間軸」は、(A) 個々人の時間、(B) 地域の
時間、(C) 自治体政策の時間、(D) 制度の時間、(E) 政治の時間、に整理
することができる。「個々人の時間」は、個人や家族の「生活再建」の見通
しを含意している。「そして、この生活再建に必要とされるリズムは、必ず
しも (B) 〜 (E) のリズムと平仄が合うとはかぎらない」。にもかかわらず、
支援制度や復興予算、復興担当部局の年限などの「制度の時間」や、この制
度に関する意思決定（オリンピック開催、「廃炉」の見通し、原発再稼働など）を
意味する「政治の時間」が優位に立つ（加藤 2019: 260，関 2015: 133-135）。

　現在推し進められている復興の加速化、帰還・避難終了政策をみると、制
度や政治の時間の優位のもとで、個々人の時間が（場合によっては地域の時間
も）置き去りにされているように見える。こうした時間軸の編制のもとでは、
個人が受けた被害や避難という現実そのものが「なかったこと」「終わっ
たこと」にされかねない。そうした記憶に対しても、抑圧しようとする力が
はたらくかもしれない[8]。本書でこれまで見てきたように、「話す－聞く」
関係を壊してしまったことは、（少なくとも）結果的に、記憶の共有と伝達を
困難にしている。

　政治的・政策的に「忘れさせたい」力がはたらくと同時に、当事者ではな

い私たち自身にも、厳しい現実から目をそむけたい、見たくない、忘れたいという意識が存在するかもしれない。この二つが共振すると、いっそう被災者・避難者の孤立をまねくだろう。周囲の忘却、風化が被災者を苦しめる事例も、これまで見てきた。こうした現実を前にすると、被害の記憶を記録し、発信する必要性が高まっていると感じる。

東京電力の柏崎刈羽原子力発電所を抱える新潟県では、原発再稼働の議論を始める前提として、福島事故の徹底的な検証を実施する必要があるとして、2017年度に「3つの検証」がスタートした。こうした検証は、原発事故・避難の経験を記録にとどめて、なし崩し的な「風化」を防ぐ意味もあると考えられる。次節では、とくに「3つの検証」のなかの健康・生活委員会（生活分科会）の議論に焦点をあてて、検証の現状と意義を確認したい。

3. 避難生活の「検証」

3-1　新潟県による原発事故検証委員会の設置

1985年に営業運転を開始した東京電力の柏崎刈羽原子力発電所は、新潟県の柏崎市と刈羽村にまたがる地域に立地している。7基の原子炉を備えた世界最大の原発であり、その電力のほとんどすべてが首都圏に送電されている。

2007年7月の新潟県中越沖地震では、設計時の想定を大幅に上回る揺れに襲われて、稼働していた原子炉はすべて停止した。「広範囲な被害やトラブルが続発。『安全神話』が大きく揺らいだ」のである（新潟日報社特別取材班 2009：12）。その後一部で営業運転を再開していたが、2011年3月の福島第一原発事故の翌年から、定期検査などのためにすべての号機で運転を停止している。この柏崎刈羽原発の再稼働の是非は、そののち、地元住民・自治体が判断を迫られる重要な論点であり続けている。

2016年10月におこなわれた新潟県知事選で、「福島事故の徹底的な検証がなされない限り、柏崎刈羽原発の再稼働の議論は始められない」という公約を掲げた米山候補が当選した。当初有力視された、国政与党が推薦する候

補を逆転しての当選だった。原発再稼働が進むことに疑問をもつ有権者層が、米山候補を支持したと考えられる。

　米山知事は、公約通り福島原発事故の検証に向けて「3 つの検証」体制を整えて、議論をスタートさせた（**図表 4-1**）。東京電力のいわゆる「原発トラブル隠し事件」をうけて、すでに 2003 年に設置済みの「技術委員会」が、福島第一原発の事故原因と東京電力のメルトダウン公表等に関する問題の検証にあたる。それに加えて、原発事故が健康と生活におよぼす影響の検証をおこなう「健康・生活委員会」と、原発事故が起こった場合の安全な避難方法を検証する「避難委員会」が、2017 年 8 月に新たに設置された。さらに2018 年 2 月には、3 つの検証を総括する検証総括委員会もスタートしている。

　この検証の位置づけについて、2017 年 10 月のインタビューで米山知事は次のように語っている。「検証については、しっかりと提示していって、我々が検証して結果を出す話じゃなくて、検証を公開して皆さんに見ていただく必要があると思っています。その中で最終的には、民主的な判断という

図表 4-1　3 つの検証　検証体制

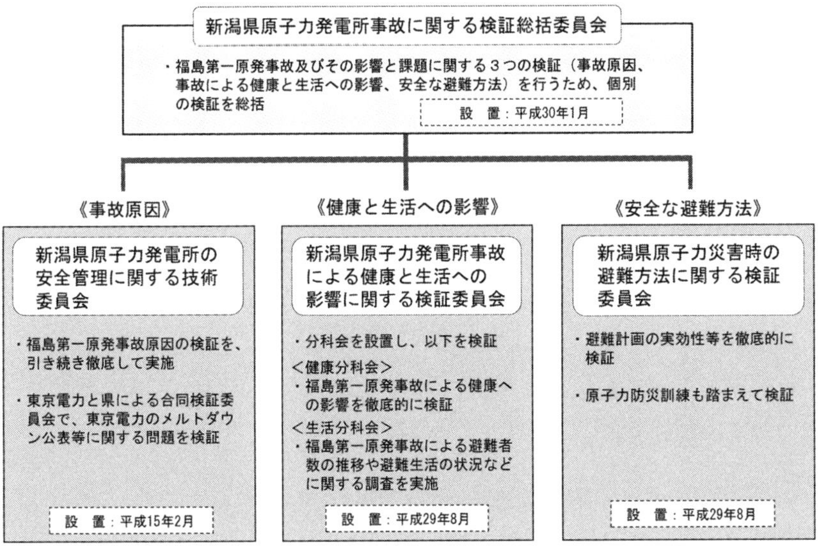

注：新潟県ホームページによる

ことになってきます。そういう過程を経て、合意形成がはかられるべきだと思います」（米山ほか 2018: 240）。ここで述べられているとおり、委員会は一般に公開されて開催され、資料や議事録はすべて新潟県のホームページで閲覧することができる。

　検証体制が整った矢先の 2018 年 4 月に、検証を推進した米山知事が突然辞任し、後継を決める知事選が 6 月に実施された。この知事選では、有力 2 候補がともに「3 つの検証」の継続を公約としており、多くの県民は検証の継続を支持したとみてよいだろう。当選した花角知事も、「3 つの検証」を引き継ぎ、検証結果が示されない限り原発再稼働の議論を始めることはできないという姿勢を堅持する、という見解をあらためて強調している[9]。

3-2　「生活への影響」検証のスタート

　「3 つの検証」のうち、原発事故が健康と生活に及ぼす影響の検証を目的とした健康・生活委員会は、健康分科会と生活分科会に分かれて検証作業を進めている。私は生活分科会を担当しており、2017 年度は調査会社と研究機関に委託して避難生活にかかわる 3 本の調査（総合的調査および 2 つのテーマ別調査）を実施した[10]。以下ではまず、これらの調査結果の概要を紹介する[11]。

避難者数の確認と避難生活アンケート──総合的調査から

　避難生活の全体像の把握をめざす総合的調査は、自治体がもつデータ等にもとづく避難者数の推移の確認と避難者を対象としたアンケート調査による避難生活の状況の把握という 2 つの部分で構成されている。

　避難者数の推移は、原発避難の実態を知るためにはもっとも基礎的なデータといえる[12]。新潟県の集計によると、おおむねピークにあたる 2012 年 6 月時点での避難者は 164,000 人、うち原発から 30 キロ圏内市町村の避難者が約 98,000 人（圏内市町村人口の約 53%）、30 キロ圏外市町村の避難者は約 59,000 人（圏外市町村人口の約 3%）だった。原発事故から 6 年半以上が経過した 2017 年 10 月時点でも、ピーク時のおよそ 3 分の 1 にあたる 53,000 人

ほどが避難を継続している。

　2017 年 3 月末で、避難指示区域外からの避難者（いわゆる「自主避難」者）に対する仮設住宅の供与が終了した。ほとんど賠償のない区域外避難者にとっては、ほぼ唯一の支援策だったが、その終了により県外避難者の帰還は進んだのだろうか。本調査の一環として新潟県が各都道府県に照会したところ、福島県への帰還は 17％にとどまり、8 割近い世帯は県外避難を継続している。また避難指示区域の解除も順次進んでいるが、震災時人口に対する現在の居住人口の割合は 2％〜25％程度にとどまり、その構成も高齢者中心ということである。子育て世代の多くは、放射線による健康不安などの理由で帰還をためらっていることがうかがえる。

　総合的調査では、新潟県内に現在居住している避難者世帯（945 世帯）および新潟県内に避難し現在は福島県を含む他県に居住している世帯（229 世帯）を対象として、アンケート調査を実施した[13]。その結果から浮かび上がる避難生活の状況は、およそ次の通りである。①平均世帯人数が避難前の 3.30 人から 2.66 人に減少し、避難の過程で家族が分散していることがうかがえる。②区域内避難者で「無職」が、区域外避難者で「非正規」が増加し、就業形態が変化（悪化）していることがうかがえる。③平均世帯月収が、36.7 万円から 26.2 万円へと約 10 万円減少した。

　避難者の意識という側面ではどうだろうか。④賠償制度については、区域内避難者の約 6 割、区域外避難者の約 7 割が不満を感じている。⑤被曝に関する不安意識としては、低線量被曝の影響（69.7％）、避難元・自宅の放射線量（61.3％）などの項目で不安が高くなっており、区域外避難者の方がより高い傾向がある。⑥避難による人間関係への影響に関しては、友人・地域とのつながりや交流の薄さを感じている人が 7 割を超え、こちらは区域内避難者の方が高くなっている。

　今回のアンケートでは、中高生からも回答してもらっている。将来への不安に関しては、「進学・就職」への不安（37.4％）とともに、「自分の健康」（28.5％）・「結婚・出産」（21.1％）といった項目が選択されており、この二つは帰還者の方が避難継続者よりも 20 ポイント以上高い結果となった。10 代

の若者が、自分の健康について不安を抱えていることに心が痛む。

生活再建の困難——テーマ別調査から

　2017年度は、総合的調査に加えて2つのテーマ別調査を実施した。一つ目が、獨協医科大学による「原発事故後の福島県内における生活再建の必要条件」である。この調査では、福島県内在住の人を中心に対象者を6つにグループ化してインタビューを実施している（福島県内28名、県外14名）。そのうち、避難指示解除による帰還者や区域外避難からの帰還者、避難指示区域外で居住を継続していた住民へのインタビューからは、帰還の促進により課題は解決せず、むしろ分断や課題の凝縮が起こっていることが指摘されている。

　またとくに、区域外からの避難は個人の判断に任されたために、避難者は生活の全責任を負い、地元に残った人との意識の溝も深まっている。「避難の権利」が保証されていれば分断は避けられる可能性がある、という提言も重要であろう。また、対象者からは賠償のあり方に対する不満も多く聞かれ、賠償以外の支援策の必要性も提起されている。原発事故被災者の「喪失」にどう向き合っていけるのかが課題となる。

　テーマ別調査の二つ目は、宇都宮大学による「子育て世帯の避難生活に関する量的・質的調査」である。この調査は、とくにさまざまな困難を抱えていることが想定される子育て世帯に焦点を当てて、避難生活の状況を明らかにしようとしている。そのために、現在裁判が進められている原発避難者新潟訴訟の陳述書をもとに作成された量的データの分析が試みられている（原告209世帯分、うち区域外子育て世帯138世帯）。それに加えて、区域内・区域外避難、母子避難・世帯避難など多様な28世帯を対象とした個別の避難者インタビューも実施された。

　その結果、子育て世帯の避難者の多くが、子どもを初期被曝させてしまったことへの後悔を抱え、追加被曝を避けるために避難を決断したこと、避難に際しては可能な限りの情報を入手して熟考し、合理的な判断を下していたことが浮かび上がってきた。また、避難が長期化するなかで、仕事や生きが

い、人間関係といった面で多くの犠牲を強いられ、経済的負担などの困難が継続していることも明らかにされている。こうした困難や犠牲に加えて、体調不良や精神的な不安定、ストレスや将来の健康面での不安も抱えている。ところが周囲からのさまざまな批判にさらされ、自責をともなう複雑な感情もあって、被害を口に出せないような雰囲気も強まっている。

　そうしたなかで子育て世帯は、子どもを放射線被曝から守りたいという一心で、子どもの健康を第一に考えて避難先に踏みとどまってきた。一方で経済的理由等により帰還を選択した世帯は、被曝への不安が継続し、また故郷から疎外される理不尽さも感じつつ生活していることが指摘された。

調査の総括

　主として避難者を対象としたアンケートにもとづく総合的調査では、調査の取りまとめとして次のような総括をおこなっている。「総じて震災から6年半以上がたっても生活再建のめどがたたず、長引く避難生活に様々な『喪失』や『分断』が生じ、震災前の社会生活や人間関係などを取り戻すことが容易でないことがうかがいしれる」(新潟県 2018:70)。自然災害の場合は、被害に応じてスピードの差こそあれ、時間の経過とともに回復や復興が進んでいくのが通例であろう。しかし今回の原発事故による避難生活の状況をみると、回復の困難さが目につく結果となっている。

　テーマ別調査は、総合的調査では十分カバーしきれない福島県内在住者や子育て世帯に焦点化して実施された。その結果をみて驚くのは、調査の対象者や切り口が異なっても、ほぼ同様の結論に至っているということだ。いずれの調査でも、多くの原発事故被災者は喪失や分断、不安に苦しみ、生活再建や人間関係の回復を実現できないままである。被災者のどの類型でみても（県内・県外・在宅）、またどの側面でみても（家族、仕事・収入、心理、人間関係など）避難にともなう苦難が継続している。被災者の損失・喪失の多様性と全面性、そして6年半経っても被害が回復されないところに、原発事故による被災の特徴があるといえる。

3-3　多面的な検証の試み

　生活分科会では、2017 年度に 3 回の会議を開催して、今後の検証の土台
となる上記の調査結果を取りまとめた。2018 年度からは年 2 回ほどのペー
スで会議を開催し、できるだけ多面的な検証を継続してきた。以下では各回
の検証内容と成果について、その概要を記していく[14]。

支援団体インタビューと福島県中通りの母親調査

　2018 年 9 月に開催された第 4 回生活分科会では、まず新潟県内で避難者
支援にあたった 2 つの団体へのインタビュー結果が報告された。

　長年子育て支援に携わってきた NPO 法人「ヒューマンエイド 22」は、原
発事故ののち、福島からの母子避難者を支援してきた。中越地震時の支援経
験もあり、両者の違いも目につく結果となった。中越地震の際には、顔の
分かる人たちと「地域で何とかしよう」「皆で子どもを守って」という感じ
だったが、今回は「自分の土地」ではない場所への避難となっている。家族、
地域という避難元の人間関係から切り離され、支えてくれる人が限られてし
まう。

　多くの避難者は先が見えない不安にさいなまれ、加えて避難指示区域外で
は全員が避難しているわけではないため、県外避難がよかったのか、父親と
離れてよかったのか、などの迷いとゆれを抱える。こうした点で、精神的な
面のケアが必要だった。一方で、「特別な目でみられたくない」「そっとして
おいてほしい」という母親の声を聞く。避難者の苦境に光が当たることでか
えって差別が生まれ、子どもの将来に影響するのではないかという危惧があ
るためである。

　福島県外避難者の心のケア業務に携わってきた「新潟県精神保健福祉協
会」については、本書の第 3 章で取り上げた。2018 年のインタビューでと
くに強調されたのは、次の点である。①避難者を取り巻く重要な問題点は、
インフォーマルな社会資源を支援のリソースとして活用できないことである。
②避難者のニーズ把握が不足しているため、有効な支援が難しい。そのため
避難者の生活再建が進まず、将来の見通しが立たない（そのほか詳細について

は、第 3 章を参照）。

　ついで、成元哲（中京大学教授）から「原発事故後の親子の生活と健康に関する調査について」というタイトルでの報告があった。成は、避難指示区域外（自主的避難等対象区域）である福島県中通りの幼い子ども（原発事故当時 1 ～ 2 歳）をもつ母親を対象とした調査を、2013 年以降毎年継続している [15]。調査対象地域は、健康影響の不確実性が高く、「リスク認知や対処行動の違い、補償格差などによる葛藤・分断が生じやすい地域」と位置づけられる。

　原発事故後 1 ～ 3 年目くらいまでは、子どもの外遊びや地元産食材の回避、保養・避難への欲求が目立った。最新の 2018 年調査では、いじめ・差別といった人間関係への不安、将来の健康への不安、補償への不公平感などが依然として高く、それが生活の質に影響をおよぼしていると考えられる。「全体的に『回復』の傾向にあるが、『不安、不公平感、負担感、認識のずれ』が続いている」と取りまとめられている。

　今回の分科会では、さまざまな事情を抱えていて、支援団体に相談している避難者の状況や、避難せずに（あるいは短期の避難から戻って）福島県の中通りで生活している母親たちの不安や課題などについて把握することができた。いずれも、原発事故の影響を受けた住民の生活を知る上では重要なポイントであり、また前年の調査では十分カバーできなかった点でもある。

　現に多くの避難者がいるにもかかわらず、避難者の状況や不安に対する周囲の理解はきわめて不十分で、困難を抱えた避難者へのサポート体制も不十分である。しかも、そうした被害を口にすることがだんだんと難しくなっており、このままでは被害が埋もれてしまう。また、避難している人だけが被災者ではない。避難せずにその場にとどまっている人も多くの不安や苦悩を抱えて生活している。こうしたことは、万が一新潟で原発事故が起こった場合にも起こりうることを銘記しなければならないだろう。

家族形態ごとの課題と「原発避難生活史」

　2018 年 12 月に開催された第 5 回生活分科会では、まず生活分科会事務局から「家族形態別に見た避難生活の課題」について報告された。これは前年

（2017 年）に実施したアンケート調査の自由記述（約 1,500 件）を分析することにより、家族形態ごとの課題を抽出したものである。避難指示区域の内外、小中学生の子どもの有無、家族分散の有無によって家族形態を 8 つの類型に分け、それぞれの課題を明らかにしている。

　その結果、とくに区域外からの避難者世帯（子育て世帯など）においては、経済的・金銭的問題が主な課題となっている。また子どものいる世帯では、子どもの成長にともない、避難先（賃貸アパート）の居住性（狭さ・部屋数）に対する不満が多数見られた。子どものいない区域内からの避難者世帯では、避難先での孤独に関する記述が目立つ。

　ついで髙橋若菜（宇都宮大学准教授）より、「原発避難生活史～質的・量的調査からみる事故後の行動要因と生活実態」と題する報告があった。前年のテーマ別調査「子育て世帯の避難生活に関する量的・質的調査」を補充するものでもある。原発事故により広域避難した避難者の避難生活史を、原発避難者新潟訴訟（原告 237 世帯）の陳述書をもとに量的に考察した。また、それに避難者インタビューによる質的分析を加え、避難前の生活の様子から時系列的にたどっている[16]。

　たとえば、避難の選択は、将来への健康不安や、政府の発表・情報公開への不信、迷いや葛藤のなかでの苦渋の決断であり、熟慮を重ねた上での合理的選択であることが明らかにされた。避難生活においては、経済的損失や住宅支援打ち切りへの不安など多岐にわたる葛藤・苦しみを経験し、人間関係・社会的関係の損失と孤立、健康状況の悪化にも苦しんできた。避難した子どもたちも、友人の喪失、精神的な不安定、健康異変を経験している。また帰還した避難者は、その理由として、経済的苦境や人間関係の葛藤をあげており、苦渋の選択であることがわかる。帰還しない理由としては、放射線被曝のリスクや故郷が変化していて元の暮らしが取り戻せないことがあげられていた。

　詳細なデータにもとづく報告の結論は、次のようにまとめられている。「原発事故及び避難生活において、当事者世帯が抱えた困苦や葛藤、喪失は、区域内外避難や世帯構成等によってそれぞれ違いが有る。しかし、経済的苦

境、なりわい、住まい、人間関係・社会的関係の喪失から健康状況の悪化に至るまで、極めて広範で多様かつ深刻で長期にわたる点において共通している。被害の多様性・深刻性・普遍性が、量的にも質的にも確認されたと結論づけられよう」。

　事務局からの報告は、家族形態別に課題を明らかにすることによって、県民が自身の家族形態に置き換えて「原発事故による避難生活」をイメージするための基礎資料となるものである。今後は、より身近に感じてもらうための「伝え方の工夫」が求められるだろう。

　髙橋の報告は、「避難生活史」という切り口で時系列的に避難のプロセスをたどり、避難生活がどのように展開していくのか、そこでの課題や困難の変遷を明らかにするものだった。とりわけ、原発事故前の「ふつうの暮らし」の様子から見ていくことは、いま自分が避難することなどまったく想定していない新潟県民にとって、事故と避難を身近に感じてもらう切り口になるかもしれない。髙橋の結論は、前年の総合的調査のまとめとも重なっており、原発事故にともなう避難生活とはこういうものだということを、リアルに示しているといえる。

原発周辺自治体の住民実態調査から

　2019 年 9 月に開催された第 6 回生活分科会では、まず事務局から「家族形態別に見た避難生活の課題〜第 5 回分科会における主な意見への対応について」と題する報告があった。前回の分科会で委員から出された要望等について、対応状況と新たな分析結果について示したものである。たとえば、少数意見であっても自由回答への記入には強い思いが込められている場合が多いので、尊重すべきではないか、という要望が前回あった。範囲を広げて再集計した結果、区域外避難者には経済・金銭的問題や住居の問題に次いで、「仕事上の課題」（失業・条件悪化など）や「避難長期化にともなう課題」（先行き不安・周囲の理解の薄れ）のウエイトが大きいことが示された。

　また、今回の調査では多様な立場の意見をくみ上げるために世帯主以外からも回答を得ているので、その自由記述からも課題を抽出すべきとの意見も

あった。追加分析の結果、非世帯主の大人について、区域内では「賠償に対する不満」、区域外では「家族の分離」や「放射能に対する不安」が特徴的だった。中・高校生の回答では、友人関係の喪失やいじめ、将来への不安（進学・就職・健康）などに関する課題が多数見られた。

　続いて、本分科会の委員でもある丹波史紀（立命館大学教授）から、「原子力災害に伴う原発周辺自治体の住民実態調査からみる被害の実態」と題する報告があった。丹波らは、双葉郡住民を対象とした悉皆調査を間隔を空けて2回実施している。その結果から見えてきた被害について報告された[17]。

　原発事故から半年後の2011年9月〜10月に実施された第1回調査では、幾度にもわたり広域避難が繰り返され、避難を繰り返すたびに家族がバラバラになり、見通しの立たない避難生活に生活再建の目処も立てられていない実態が明らかになった。

　第2回調査は、事故から6年後の2017年2月〜3月に実施された。避難指示の解除や帰還、あるいは避難先での定着が進むなど大きく状況が変化するなかで、新たな実態の把握が目指されている。その結果、①依然として将来の生活・地域再建に見通しが立たず、不安を感じている人が少なくないこと（6〜8割）、②働き盛りの層でも無職者が一定数存在し、賠償金だけでなく被災者の生活再建への全体的支援が課題であること、③働き盛りの層では仕事などへの不安、高齢者層では健康・介護への不安が多いこと、④長期にわたる避難生活により、地域や住民相互の交流・つながりについて不安をもつ層が多く存在し、今後のコミュニティ再建が課題であること、⑤生活再建の進度の違いによる「復興格差」が生じていること、が明らかにされた。最後の「復興格差」については、避難先での住宅購入等が大熊・双葉・浪江・富岡の各町で5割前後見られる一方で、将来の自分の仕事や生活への希望については、「あまり希望がない」と「まったく希望がない」という回答の合計が50%にのぼっている。

　丹波による報告は、双葉郡8町村（2回目は7町村）を対象とした調査にもとづくもので、原発周辺地域の避難生活の課題について多くのことを知ることができる。しかも事故の半年後と6年後に実施されていることから、課

題の変化についても可視化されている。避難指示が解除される段階にいたっても、今後の生活に不安を抱え、また「復興格差」が生じている様子などが明らかにされた。避難元に着目した調査は、新潟県に当てはめて考える際にも、重要な知見となるだろう。

「故郷剥奪」の現状

　2019年12月に開催された第7回生活分科会では、まず事務局から「生活分科会におけるこれまでの検証の振り返りおよび今後の進め方」について報告があった。前回までの検証を空間軸・時間軸で整理して示すことにより、県民に対して生活分科会による検証の（今後も含めた）大まかな全体像を示すことを意図している。

　空間軸によって整理すると、避難元については、避難指示区域内（第6回分科会）、区域外（第4回）で検証した。避難先で見ると、避難せずに福島県内にとどまる（第4回）、近隣県（新潟県）への避難（第3回）、全国各地への避難（第6回）を取り上げた。時間軸で整理すると、発災後から現在までの経過を意識した検証（第4回、第5回、第6回）、および2017年度以降の現段階を調査によって切り取った検証（第3回、第4回）をおこなってきた。

　こうした整理をふまえると、今後の方向性としては、空間軸ではとくに避難指示区域外から全国各地に避難した人びとを対象とする必要がある。また時間軸では、今後も時間の経過とともに変化する状況を注視する必要があること、その際、自然災害との差異（課題の長期化・複雑化・深刻化等）がポイントとなることが確認された。

　ついで、関礼子（立教大学教授）から「避難では終わらない被害〜ふるさと剥奪の現状」と題した報告があった[18]。福島県浪江町津島地区および川俣町山木屋地区での丹念なフィールドワークをもとに、ふるさとの喪失・変容という言葉では表現しつくせない「ふるさと剥奪」の実態が示された。それは、時空間の共同性、土地に根ざして生きる場所、ライフ（生命、生活、その連続である人生）を育む「場所」の剥奪を意味している。

　事例として取り上げられた山木屋地区では、アンケートやインタビューの

結果、次のことがわかった。自然とのつながりにおいては、キノコや山菜などのマイナー・サブシステンスも循環型の生業も困難になった。人と人とのつながりにおいては、生業のつながりが切れて行き来がなくなってしまった。民俗行事やお葬式のあり方も変わった。持続性・永続性という点では、若い世代が戻らず持続可能な生業・生活が難しくなった。人間関係を基盤とした組や行政区の自治も困難になった。

　こうした詳細なデータの紹介をふまえて、関が結論としてまとめたのは次の３点である。第一に、避難前後の生活の差異から「ふるさと剥奪」が示される。避難により、それまで地元（故郷）で当たり前に存在していた、自然とのかかわり、人とのつながり、時間的な持続性が奪われた。それは、土地に根ざして生きる権利の剥奪でもある。第二に、「避難」と「ふるさと剥奪」は異なるものである。被害の起点は同一かもしれないが、被害の終期は異なる。すなわち避難指示解除後も故郷は奪われ続けている。したがって第三に、「ふるさと剥奪」を個別に評価する意味がある。すなわち「避難」では終わらない被害があることを直視しなければならない。

　関による報告は、「ふるさと剥奪」が避難指示解除後も持続すること、避難とは異なる、避難指示解除では終わらない被害がある、という重たい事実を可視化するものだった。原発事故により住民が避難を強いられると「ふるさと」はどうなるのか。喪失や変容どころではなく、「剥奪」という強い言葉を使わざるをえないような状況になるという指摘がなされた。メディアの報道では、住民が帰還し、復興しつつあるという側面が強調されるが、そのイメージと実態の間には距離がある。新潟でも「土地に根ざして生きる」人びとは多い。そうした暮らしが奪われて回復が難しくなるという、取り返しのつかない被害が生じるおそれがある。このことを受け止める必要がある。

広域避難者の現状と「賠償」の問題

　2020 年 8 月に開催された第 8 回生活分科会では、時間の経過とともに避難生活がどのようになっていったかをテーマとして 2 本の報告があった。まず、新潟県精神保健福祉協会から「原発事故から 10 年を迎える広域避難者

の現状について〜支援活動から見えてきたもの」と題する報告があった。第
4 回分科会のインタビュー対象でもあった団体であるが、その後の支援経験
をふまえて長期避難者が抱える苦悩が明らかにされた。多くの避難者が体験
をみずから語らないために、「困りごと」を抱えた避難者が見えなくなって
しまう。時間の経過とともに避難者はつながりを失い、話し相手、相談相手
が失われてしまう。その上、住宅支援などが打ち切られて、経済的にも困窮
している様子が示された。避難者は、被害を自己責任で抱え込んでしまい、
自責とあきらめにとらわれ、みんなどこか疲れてしまっているというのであ
る（詳細については、本書第 3 章も参照）。

　本分科会の副座長でもある除本理史（大阪市立大学教授）からは、「原子力
損害賠償と被災者の生活再建」と題して報告がなされた[19]。除本によれば、
賠償は被害の総体をカバーできておらず、被災当事者の納得を得られていな
い。上述した 2017 年の新潟県調査でも、賠償制度に対する不満をもつ人が
多かった。その背景には、避難指示の解除、住民の帰還促進、賠償を含む事
故対応全体の収束、という政府の方針が、賠償の指針・基準に強く影響して
いること（「賠償政策」）がある。

　本来ならば、損害賠償は被災者の損害を補填し、その生活再建に資するた
めのものでなければならない。そのためには、ふるさと喪失／剥奪を含む損
害を適正に算定することが必要である。しかし現実には、政府の帰還政策や
避難終了政策が強く影響しているために、避難者の帰還と避難地域復興が促
進され、それにともなって賠償総額の抑制と賠償終期の設定がはかられる。
被災者の損害の算定や生活再建は二の次にされたまま、賠償の終了・避難終
了へと進んできているのである。

　避難終了政策により避難指示区域住民による住居の再取得が進展している
ことは、一定評価されるべきである。しかしそれは、避難生活の終了を意味
せず、避難前の暮らしが取り戻せたわけではない。依然として自分は避難者
だと意識している人は少なくないが、にもかかわらず避難者統計からは除外
されてしまう。このこともまた、見えない被害と言えるだろう。

　以上の 2 本の報告に共通していたのは、時間の経過とともに、被害がど

んどん見えなくなってきていることである。賠償制度や復興政策のなかでは「これで終わり」という流れが強まっているようだが、しかしその一方で、支援の現場からは「困りごと」を抱え、支援を必要とする避難者の存在が示された。2本を合わせて考えると、現在の制度や政策が避難者・被災者の生活再建に資する形には必ずしもなっていないこと、そのニーズとズレていることがわかる。にもかかわらず、どんどん被害に蓋をしていく傾向があるとすれば、この蓋を取って中をしっかりと見ていくことが検証の役割であろう。

　発災から10年近くたつが、多くの人がいまだに避難生活を続けていて、しかもその状況がきわめて見えにくくなっている。いったん原発事故が起こって避難すると、長期的にはこれだけの深刻な被害があって、制度や政策がなかなかそれを回復する形にはなっていかない。こうした状況が明らかになった。

3-4　「生活への影響」検証の現段階

　福島第一原発事故を受けて、政府・国会・東電・民間の4つの「事故調査委員会」が早い段階で立ち上げられ、検証作業をおこなった。しかし、いずれの委員会も2012年に報告書を提出して以降は、活動が継続されていない。その後、あらたに事故をめぐるさまざまな事実が明るみに出たし、現在に至るまで多くの被災者は故郷を離れた避難生活を続けている。こうした現実を視野に入れた事故の全体像の検証がなされないまま、なし崩しに物事が進んでいる。だからこそ、今回の新潟県による独自の検証には、重要な意義があるといえる[20]。

　これまでのところ生活分科会では、ひとたび大規模な原発事故が起きると、その周辺で暮らす人びとの生活はどうなるのかについて、できるだけ多面的な検証を進めてきた。分科会による調査や委員からの報告に加えて、それぞれのフィールドで避難生活にかかわる研究や実践を蓄積してきた研究者・支援者を外部から招いて、その知見に学んできた。

　初年度（2017年度）にはまず、新潟県への避難者を対象とした大規模な調査を実施して、避難生活の実態と被害のアウトラインをつかんだ。2年目以

降は、この調査のとりまとめを起点として、空間的・時間的に対象範囲を広
げ、検証を継続してきた。現時点でつかめていることを、私なりにまとめる
と次のようになる。

　新潟県に避難指示区域内外から広域避難した人びとを対象とした調査によ
り、思うように生活再建が進んでいないこと、多くの人が分断や喪失に苦し
み続けていることが明らかになった。同様に、避難指示により福島県内を含
む全国各地に避難した双葉郡住民についても、将来の生活・地域再建に見通
しが立たず多くの人が不安を感じていることが指摘された。また、避難指示
区域外で避難せずに居住を続けた（あるいは短期間避難して戻った）福島県中
通りの母親たちも、不安や苦悩を抱えたまま生活していることが明らかにさ
れた。

　原発事故から長い時間が経過し、避難指示が解除された区域も増えてきた。
しかし、そこに帰還する住民の数は必ずしも多くなく、帰還したからといっ
て元の暮らしが取り戻せているわけではない。避難の終了は、けっして被害
の終わりを意味しているわけではないのである。時間がたつにつれて広がる
「復興格差」についても、注視する必要がある。そのなかで、取り残される
被災者・避難者が出てきている。つながりを失い、経済的に困窮した避難者
が、被害を自己責任で抱え込む様子も紹介された。

　時間の経過とともに深刻化していることは、被害の不可視化である。避難
者の置かれた状況やその苦悩が、周囲からは理解されにくい。早期に福島へ
の帰還をうながすことを軸とした避難終了政策が進み、被災という事実自体
の忘却が進んでいるように思われる。原発事故や避難を「すでに終わったこ
と」とみなす周囲と、生活の立て直しをはかれない避難者とのギャップは広
がるばかりである。まわりの人びとから理解されていないと感じるがゆえに
（差別や偏見のまなざしを向けられることさえあるがゆえに）、被害を口に出すこ
とを避け、場合によっては避難者であることを隠して生活するケースも少な
くない。そのために、なおいっそう被災者・避難者の不可視化が進んでいく。
一見生活再建を遂げているように見える人も、元の暮らしが取り戻せている
わけではない。このこともまた、見えにくい被害である。

このように、空間的・時間的に対象を広げて検証を続けた結果、2017 年の総合的調査報告書の結論があらためて確認されたと言っていいだろう。すなわち、「生活再建のめどがたたず、長引く避難生活に様々な『喪失』や『分断』が生じ、震災前の社会生活や人間関係などを取り戻すことが容易でない」ことは、限定された対象の一時点を切り取ったものではなく、原発事故が生活にあたえる影響を一般的に示すものと理解できる。しかも、それは時間の経過とともに、よりいっそう深刻化するものでもある[21]。

4. むすび──記憶の共有に向けて

本書の 3 章で、新潟県精神保健福祉協会の支援担当者からの話として取り上げたように、中越地震の際には、被災者同士がたがいの震災経験を話すこと、あるいは被災者が支援者に経験を話すことが、被災者の回復を助けた。時間をかけて自分の震災体験を整理し、それを他者に向けて話すことによって、喪失に向き合い、消化していくことが可能になった。同様のことは、阪神・淡路大震災の際に池田（1997）が指摘していたし、また私自身も、中越地震後の被災者による記録集作成の事例や山古志地区の被災者の語りを通じて学び取ることができた。

しかし原発事故避難者・被災者にとって、自分の経験を整理して「語ること」は、時間の経過とともに難しくなってきているようだ[22]。それは端的に言って、まわりに「聞く人」がいないことを示している。中越地震の際には確かめることができた「話す－聞く」関係が、今回は十分に機能していない。これまでつちかってきた家族や地域、友人との関係には多くの分断線が走っており、体験や記憶の共有が難しい。避難先では、放射能や賠償に関する誤解や偏見もあって、自分たちに厳しい視線が注がれていると多くの被災者が感じている。厳しい視線を向ける人びとに自分の被害を語ることは、抑制されてしまう。

被災と避難の経験・記憶を整理し、語る場が失われることで、被災者が「それなりの今」を受け入れて、前を向いて進んでいくことが妨げられてし

まう可能性がある。記憶は整理されないまま、自分の内側を「ぐるぐる回る」。それは出口を失い、容易に自責やあきらめにつながってしまう。被害を語ることの自制は、意図せざる結果として、被害を「なかったこと」にする動向とも重なる。私たちが「聞く耳」をもたないことによって、被害に蓋がされてしまう。それは、「次の原子力災害」の被害者になるかもしれない、私たち自身の被害を増幅することにつながりかねない。

　だからこそ私たちは、被災の経験から学び、記憶を共有する努力を続けなければならない。記憶を被災者のなかに封じ込めて「他人ごと」とみなし、心地よい忘却に身をまかせることは、理不尽であるばかりでなく社会全体のリスクを高めることになるだろう。柏崎刈羽原発の再稼働を議論する前提として、福島事故の検証が必要であるとする新潟県の試みは、現状に一石を投ずるものである。

　本章で見てきた「生活への影響」に関する検証は、原発事故によって被害を受けた人びとの生活や意識のありようを、つぶさに跡づけようとするものである。これまで多くの研究者や現場の支援者の協力を得て、実証的なデータを積み上げてきた。その結果、空間的・時間的にどのような切り口からみても、依然として被害が深刻で、回復が難しいことが明らかになっている。被災者の生活再建は思うように進まず、ふるさとや人生の喪失、人間関係の分断に苦しみ、現状にも将来にも多くの不安を抱えたままである。その上、こうした被害は周囲から理解されず、自己責任で抱え込まされる傾向にある。そのため被害の不可視化も進む。

　こうした被害は、放置すると時間の経過とともに忘れられ、「終わったこと」「なかったこと」にされてしまう。現在進めている検証作業は、記憶と経験を記録に残すことを通じて、忘却に抗う取り組みでもある。できれば、将来の検証にも資することも念頭におかれている。こうした検証が、現実の政策にどこまで影響をあたえることができるのか、これから正念場を迎えることになるだろう。

　本書全体も、原発事故・避難に関する当事者の経験に耳を傾け、その記録を残すことを目指してきた。終章では、これまでの記述を振り返った上で、

いくつかのポイントについて考察を加え、結論を述べたい。

注

1 本章第 2 節の記述の一部は、2019 年 11 月に仙台市で開催された第 67 回日本村落研究学会大会の地域シンポジウム「3.11 記憶と記録」における報告「原発避難の記憶と記録」にもとづいている。このシンポジウムのコーディネーターを務めた佐久間政広（東北学院大学）からは、関連文献などについてご教示を得た。感謝したい。

2 2009 年 12 月に実施した「ウィメンズスタディズ・ネットワーキング」メンバーへのインタビューから（松井 2011: 72）。

3 同上（松井 2011: 71）。

4 2006 年 7 月に新潟県長岡市内の仮設住宅で実施したインタビューによる（年齢は当時。松井 2008: 133-134）。

5 同上（松井 2008: 135）。

6 原爆による被曝の記憶をどう描き出すかについて、直野章子は「記憶風景」という概念装置を用いて論じている（直野 2010）。

7 たとえば関礼子は、新潟水俣病の被害地域における「共通の記憶」形成の困難と可能性に言及している（関 2003）。

8 福島県が震災・原発事故の教訓を伝える目的で双葉町に建設した「東日本大震災・原子力災害伝承館」で、運営側が館内で活動する「語り部」に対して国や東京電力を含む「特定の団体」の批判をしないよう求めている、という報道があった（「朝日新聞」2020 年 9 月 23 日付）。報道の通りであれば、公的施設において、被害の記憶の伝承を歪める力がはたらいていると言わざるをえない。

9 新潟県議会における所信表明演説（2018 年 6 月 27 日）。

10 生活分科会は、座長を務める松井の他、除本理史（大阪市立大学・環境経済学）、丹波史紀（立命館大学・社会福祉）、松田曜子（長岡技術科学大学・防災学）の各氏により構成されている。なお、各調査の報告書は、新潟県ホームページで公表されている（http://www.pref.niigata.lg.jp/shinsaifukkoushien/1356877762498.html）。

11 なお言うまでもなく、以下の記述は検証委員会の公式な見解ではなく、筆者個人の責任で取りまとめたものである。記述の一部は、松井（2018）にもとづいている。

12 ところが復興庁が公表しているデータでは、県外避難者について相当数の把握もれが想定されている。また、避難指示区域内外それぞれの避難者を示すデータもそろっていない。こうした点については、本書序章の注 1 も参照。

13 調査対象である合計 1,174 世帯に、世帯主用・世帯主以外の大人用・中高生用の 3 種類の調査票を送付し、回収率は県内世帯が 39.3%、県外世帯が 38.0% だった。調査時期は、2017 年 10 月 13 日〜同年 11 月 10 日である。

14 引用は、新潟県ホームページ上の各回公表資料・議事録にもとづく（注 10 のア

ドレス)。

15　本報告に関連して、成編（2015）も参照。

16　本報告に関連して、髙橋・小池（2018）、髙橋・小池（2019）も参照。

17　本報告に関連して、丹波（2012）、福島大学うつくしまふくしま未来支援センター（2018）も参照。

18　本報告に関連して、関（2018）、関（2019）も参照。

19　本報告に関連して、除本（2019a）、除本（2019b）、除本（2020）も参照。

20　新潟県が進める検証作業の意義については、佐々木（2017）、立石ほか編（2018）も参照。

21　本稿執筆時点で、生活分科会では、より広域に避難した避難者が置かれた状況と支援に関する報告が予定されている（松田曜子委員担当）。それと並行して、現時点での検証の「取りまとめ」をおこなう作業も進められている。今後は、検証総括委員会においてこの「取りまとめ」も含めた「3 つの検証」について検討・総括するとともに、検証内容を新潟県民にできるだけわかりやすく伝える努力も求められるだろう。検証総括委員会については、池内（2018）、池内（2020）を参照。引き続き、避難生活の状況を注視していく必要があることは言うまでもない。

22　本書第 2 章 3 節で取り上げた事例では、原発避難者自身がさまざまな機会を活用して「経験を語ること」に取り組んでいた。それは「語ること」の意義を示しているが、日常的な「語る場」それ自体は失われつつあることが心配される。

補論1　原発事故避難者の声を聞く

［編集部より］新潟県原子力発電所事故による健康と生活への影響に関する検証委員会委員で『故郷喪失と再生への時間——新潟県への原発避難と支援の社会学』（東信堂）の著書がある松井克浩氏（新潟大学教授・副学長）に、原発事故避難者からの声をもとに、事故がもたらした状況とコミュニティ再生への道筋について聞いた（聞き手は木野龍逸氏（フリー・ジャーナリスト）と編集部。2017 年 9 月 29 日収録後再構成）。

被害が正当に評価されない苦悩

編集部　『故郷喪失と再生への時間』の終章では以下のように述べられています：「原発事故の場合は、一般の自然災害と比べて、被害（放射能汚染）の回復までに要する時間がきわめて長いという特徴をもつ。さらに原発事故は加害者のいる「人災」であるがゆえに、被害を受け入れ、心の傷が癒えるまでには、より長い時間が必要かもしれない」。先生は、新潟県中越地震（2004年）後の住民聞き取り調査をされ、原発事故後は新潟県の避難者への継続的な聞き取りもなさってこられました。お聞きになってきた避難者の思いから、どのような違いが浮かび上がるでしょうか。また、原発事故後の避難者の言葉には、自身を「難民」だといわれている例もあります。「難民」という言葉の背景には何があるのでしょうか。

松井　「難民」についての受け止め方はいろいろあります。そう言われることに抵抗を覚える人も多いのではないかと思いますが、本の中で使っている「難民」は、避難している人たちの中には、見捨てられた感覚を持っている人が数多くいるということを表しています。

　中越地震でも、辛く厳しい時間を過ごしていたと思うし、格差もあったと思いますが、行政も支援者も、自分のところの住民だという意識で被災者のことを見ていました。だから、最後の一人まで支えるという感覚を強くもっていた。状況によって個人間の格差は生じますが、地域の一体感も存在していたと思います。

　それに自然災害は、規模にもよりますが、時間的な先行きが、ある程度見えます。全村避難した山古志村でも３年で戻ることができたし、それを当初から目標にすることもできました。また自然災害は、ある程度、起きたことに納得もできる。しかたないという気持ちにもなれたと思います。それは、原子力災害と違います。

　今回の原子力災害では、避難元の自治体から、帰ってくる人が住民で避難し続けている人は住民として見られていないと感じている人が多いと思います。一方で避難先はあくまで避難先だという意識もある。結局、避難者は、どこの住民でもなく存在が承認されていないという感覚をもってしまっています。

　人災と自然災害の違いもあります。人災だから加害者がいますが、原発事故での加害者は、きちんと責任をとらず謝罪もしてないし、それを周りの人もはっきりとは認識していない。非常に大きな被害を受けているのに、その被害が、加害者はもちろん周囲から正当に評価されていないわけです。そういう状況で今の状態を受け入れるのは難しいのではないでしょうか。

　加えて、避難が権利として認められていない。そういうことが、孤立感や立場の曖昧さ、不安定さの基盤になっていて、難民的という感覚に結びついているのではないでしょうか。居場所のない、寄る辺ない感じというのでしょうか。人間がアイデンティティと自己肯定感をもって生きていくために必要なものが失われているのだと思います。

木野　中越地震では、避難先でも地域の一体感が維持できていたのでしょうか。

松井　規模の問題もあると思いますが、阪神・淡路大震災に比べれば、地域やコミュニティをできるだけ壊さないようにということが強く意図された行

政支援がなされました。

　最初はヘリコプターに乗った順番で避難先に運ばれましたが、その後、集落ごとにまとまるように避難所の引っ越しをしました。避難所を出た後の仮設住宅も、たとえば山古志の人たちは集落ごとにまとまって入りました。部屋の並び順も、集落の人間関係などにも配慮しながら入居させたりしていたんです。

　行政が住民の要望も聞きながら相当細かい配慮をして避難先をまとめていったのです。

避難の権利の承認

木野　もし加害者がはっきりと謝罪をして責任が明確になれば、ここまで避難者が苦しめられることはなかったかもしれないということでしょうか。

松井　そこまで言い切れるかどうかはわかりませんが、加害者が責任をとって謝罪し、権利として避難が公認されることになれば、変わるものはあると思います。

　避難せざるをえないこと自体が厳しい経験で、辛い思いをすることになりますが、周囲から認められていれば、避難者の口から「難民」という言葉が出てこない可能性はあるかもしれません。個別的な事情にもよると思うので、言い切れないのですが。

　でも、いわゆる自主避難の人たちはとくに、避難の権利が認められれば、状況は違うと思います。自主避難は、多くの家族が避難せずに福島に残って暮らしている中で自分たちが避難してきたことで、正当性が認められるかどうかという不安をずっと抱き続けています。避難の権利が認められれば、そうした不安は薄れるのではないかと思います。

木野　今後、避難指示が解除されると、解除されても戻らない人たちは自主避難と同じ立ち位置になります。そうすると、これまでの自主避難者と同じような不安を抱くようになる人たちが増えてくるのではないでしょうか。

松井　そう思います。もちろん状況は大きく違いますが、避難指示区域の内

外をあまり区別したり、ことさら強調しないほうがいいのではないかと思います。

ずれた時間軸、失われた人間関係

編集部 原発事故と自然災害では時間軸の長さに違いを感じます。

松井 山古志村くらいの規模だと、地域が変わっていく様子や人の動きなど、いろいろなものが自分の目に見えます。それが回復感・復興感に結びついているのだろうと思います。

しかし原発事故の場合は、自治の意識や手応えを感じることが難しくなっていて、いつまで時間がかかるかもわからないし、遠くにいる人は関われない。自分では住民と思っていたいのにそれが認められないという感覚もある。避難したかどうかや避難指示の有無によって分断されると連帯感ももちにくい。そうすると、山古志の人のように納得したり受け入れたりができる要素がないわけです。

前提になる条件が、まったく違うのだろうと思います。

編集部 「避難により奪われたものは人間関係」だという指摘もされています。

松井 人間関係の質にも関わると思います。転勤族だと、なかなかイメージしにくい人もいるのかもしれませんし、必要なのかという感覚の人もいるかもしれません。転勤したと思って割り切ればいいのではという意見も聞きます。

でも進学、結婚、転勤で自分の居場所を変えるのは、自分で選択しているわけです。今回の事故は自分で選んでいないのです。

もともと、人間関係は、都会でも山村でもいろいろな形で存在していますが、そういうコミュニティ意識、地元意識を強くもっている人が多いのが、今回の被災地だと思います。だから、各地の裁判で出されている「ふるさと喪失」という主張が、リアリティをもつのではないかと思います。

木野 子どもに焦点をあてた広域の調査は、茨城大学の原口弥生先生の調査

例はありますが、少ないように見えます。

松井　被害でいえば、いじめの問題を含めて、子どもが避難先でどういう状況で生活をしているのかは考える必要があるのですが、親の状況が子どもに影響していることもあります。親が抑圧を感じて暮らしていると、子どもが不登校になったりするというケースが出てきています。これは避難に伴う被害だと思います。

　社会学的調査というよりも、心のケアの領域なのかもしれませんが、そこはきちんと検証しないといけません。

　結局、福島では存在していた人間関係がなくなり、親が孤立してしまうのです。避難先で新しく人間関係を作れる人はだいじょうぶですが、そうでない人もいます。福島にいれば、周囲に支えられながら暮らしていけて、子どもも成長できたはずなのに、親が孤立してしまって家族関係に影響が出てきたり、その中で子どもが心理的ダメージを受けるというケースは、少なくないようです。

編集部　個別のケアが必要ですね。

松井　個別のケアは必要ですが、難しいようです。ある地域では、避難者のケアが必要だという話が出て、最初は高齢者かと思ったら実は子どもが大変で、子どもの問題かと思ったらその親の問題だったと。親の問題はなかなか見えてこないのです。

誰のための期限か

木野　避難者として認められていない感覚があり、宙づりの状況にあるにもかかわらず、避難指示解除によって行政から避難の継続か帰還かの選択を強制されたことで、かえって戻る人が減っているという指摘が、ご著書の中でもありました。今の状況は被害を拡大させているのではないかという懸念もあります。

松井　本にも書きましたが、早く終わらせたいのでしょうね。この姿勢が、地域を壊し、避難者を苦しめています。それが、いろいろなところに負荷を

かけています。地元の自治体も、住民と国の板挟みなわけです。

　例えば、早い時期に学校を戻すことによって、かえって転校が増えたり、住民が住民票を移すことにつながるわけです。戻りたい人がいるのは間違いないのですが、地域の持続性を考えると、子育て世代が離れる政策になっているのでは続かないのではないでしょうか。

木野　山古志では、期限を切るということはなかったのですか。

松井　仮設住宅の入居期限はあって、できるだけ早く自立してもらいたいという意識はありました。しかしそれは、きちんと支えることと引き換えです。でも今回の原発事故では、被災者とはまったく関係なく、たとえば東京オリンピックなどの都合で判断されているようです。

　できるだけ早く元の暮らしに戻ってもらうのは、自然災害の場合は意識ができて、時限を考えながら進められたのでしょうが、先の見えない原発事故ではまったく違います。

誰のための制度か

編集部　「「人生の次元」を含めての再生を可能にするためには、根っこの共同性・社会性の再構築とともに、それを保障する「二重の住民登録」などの制度や意思決定・住民自治の仕組みの再設計が不可欠であろう」と述べられています。

　中でも、新潟市では一時期、転籍ではなく避難元の学校との関係を維持できる「仮の受け入れ」が行われていたことは、興味深い参照軸になるように感じられます。今後の住民自治について、お考えをお聞かせください。

松井　新潟市の制度は、避難者の利益を考えれば、すごくいい制度だったと思います。結局、事故後にできた新たな制度が、何のための制度なのかということです。

　原発避難者特例法は、住民票を移さなくても避難先で住民サービスを受けられるようにした仕組みで、とても重要なものだったのに、なぜか、その法律によって、新潟市では仮の受け入れを続けられなくなりました。本来は避

難者のための法律だったはずなのに、皮肉な結果になっています。避難者の思いや実例に目配りした形で設計なり運用がなされれば、そんなことはありえないはずです。

　無理矢理避難させられたのですから、避難元で受けられるサービスも、避難先でのサービスも両方受けられてあたりまえのはずなのに、籍がかわったらこちらだけというのは、行政的・制度的にはすっきりするのでしょうが、避難者のためにはまったくなっていないでしょう。

　二重の住民登録は、おそらく行政的にいろいろなことが曖昧になるから実現されていないのかもしれませんが、避難者の状況を考えれば、できるだけ柔軟に対応できるような制度が必要だと思います。でも行政側は、そういう制度は作りたくないのでしょう。つまりそれは避難者ではなく、行政の都合です。

編集部　避難者の立場が曖昧な状態にある中では、柔軟な制度こそ必要なのではないかと思えます。

松井　そうしないと、不利益がカバーできません。でも現実には、ほとんど見向きもされない状況です。

編集部　民主主義では、地域の自治を補完するために中央政府があるという原則があるはずなのに、日本はとかく「国が」になりがちです。

松井　まったくそうですね。上からの統治の論理になっていて、自治の論理になっていません。

自治の再構築

木野　山古志村では住民が参加して地域復興を担っていきました。

松井　仮設住宅の中で地区別住民懇談会があって、そこで議論して計画を作っていきました。当時の復興行政をやっていた人の感覚があったのと同時に、それを可能にする物理的スペースもありました。仮設住宅にまとまっているので、集会所に集まることもできた。コンサルタントが書いた計画にもとづいて議論するのですが、そこに住民が参加する敷居が低かったのだと思

います。

木野 山古志のような形で住民が関わると、ほんとうの意味での復興が何かも考えられるのではと思いました。

松井 サイズの問題は大きいですね。山古志村は集落の集まりなのです。集落の再建計画を作るというのは、自分の家がどこに建つのか、自分の田んぼがどうなるかということです。それは誰もが関心をもちます。

　それに対して、例えば富岡町の再建計画に住民の意見を聞くというのは、若干位相が違うのかなと思います。

　山古志村が一から作り直さないといけない状態で、そこから関わったことで、その後の山古志で住民自治の意識が根付いているとしたら、それは大きいかもしれません。私が聞いた人たちは、強い自治意識をもっていました。

木野 現状を考えると、同じ取り組みを浜通りで実現するのは難しそうです。

松井 避難先と避難元との関係で言うと、新潟で避難生活を過ごしつつ、避難元自治体の地域協議会に関わっていた方もいて、避難した人が避難元の自治に関わるというのは不可能ではありません。

　その方は大変能力と積極性がある人でしたが、それでも限界を感じて続けられなくなってしまいました。避難している人は住民ではないというような地域の雰囲気があると、避難元の自治に関わり続けるのは難しい。

編集部 「ゆるやかで長期的な関係を維持していく」〈仮想の地域コミュティ〉による時間をかけた取り組みを提案されています。どのようなものか、考え方をお聞かせください。

松井 提案というレベルにはいっていませんが、どういう気持ちで書いたかをお話しします。広域避難している人は、つながりや絆という言葉を、帰ってこいという帰還を勧めるメッセージのように受けとめてしまう、ということがあるようです。それで、この言葉はむしろ分断を進めてしまうので、使わないようにしたいという気持ちになりました。ゆるやかとか、仮想というのはそういう意味です。

　本来は仮想では不十分なのですが、旧避難指示区域のコミュニティ再生は現状では非常にリスキーになっていて、早期帰還政策のようなおかしな意味

のものになってしまっています。だからといって、避難者は戻ってこなくていいと言われるのも嫌なのです。

　みなさんが気持ちの揺れや迷いを口にするのは、ふるさとに思いを残しているからです。それを切り捨ててしまうと、避難者にとっても避難元の地域にとってもマイナスになってしまう。これはいちばん強調したい部分です。

　だけど、それをどうつないでいくか、つなぎとめていくか、その方法論を具体的な形で示すのは難しいのですが……。

　本の中では、その必要性を述べて、避難している人や支援活動の中にヒントやイメージを探していくというところにとどまっていて、提案には到っていません。

　一方で、現状だと、イメージに留まることも必要なのかもしれないとも思います。明確な形にすると、入れる人と入れない人が出てくるのではないかとも思っているのです。多様性を損なわないで包み込むようなイメージを示していくくらいしかできないのかという気持ちもあるのです。

忘却への抵抗

編集部　時間軸は、世代を超えていくものになるのでしょうか。
松井　原子力災害は、そうやって考えていくしかないのでしょう。難しいことだと思うのですが、富岡町からの避難者が運営している「とみおか子ども未来ネットワーク」では、子どもたちが祖父母の世代の人の話を聞いて、伝承する試みをしています。

　それを聞いた子どもたちがどうするかはわかりませんが、そうやって知識や経験を受け渡して、次の世代への芽を残していくことが、今できることなのではないでしょうか。そういう時間感覚をもつことが必要なのかなと思います。

　今は、原発事故に対処することが極めて難しいこと、どうしようもないものだということが忘れられようとしていることを、なんとか防ぎたいという気持ちです。問題そのものに対する関心が薄れてきているのは感じます。こ

のままでは、本当に消されてしまいます。

　災害の被害者は、風化を恐れます。今回の原発事故はとくに長期戦です。にもかかわらず、だんだん見向きもされなくなる不安や恐れは、みなさん強く感じています。

　自分が自立していない、支援を必要としていると思われたくないために避難者といわれることを嫌がる人たちもいると思います。その一方で、あえて避難者であろうとする人もいます。人間はいろんな矛盾を抱えているものですが、その中で揺れながら、だけど原発事故自体が忘れられることには強い抵抗感があるのではないでしょうか。

（『科学』2017 年 11 月号、岩波書店、所収）

補論2　原発事故広域避難者の声と生活再建への道

中越・中越沖から福島へ

——松井さんは、2017年に『故郷喪失と再生への時間—新潟県への原発避難と支援の社会学』（東信堂）を出版し、福島からの広域避難の継続的調査をまとめられました。まず、こうした調査をおこなうことになった経緯からお話しください。

　私は、それまで、中越地震（2004年）と中越沖地震（2007年）の調査をやっていました。中越地震では、『中越地震の記憶——人の絆と復興への道』という本を出版し、さらに、中越沖地震についてのデータも含めて新しい本をまとめようと思っていたころに、東日本大震災が起こりました。当初は、学術的な本を書こうと考えていたのですが、私も東北地方の出身なので、東日本大震災の状況を目の当たりにして、中越地震、中越沖地震の経験を、東日本に届けることができないかと考え、急いで取りまとめることにしたのです（『震災・復興の社会学—2つの「中越」から「東日本」へ』として刊行）。

　ちょうど、そのころには、福島から新潟県内にかなり大勢の方が避難されていて、いろいろな市町村で支援がとりくまれていることを聞いたので、本にはそのことも入れてまとめようかと考え、小千谷市、長岡市、柏崎市などで調査を始めたのが、福島から避難された方とかかわった最初でした。

　新潟では、中越地震、中越沖地震の経験から「支援の文化」というものが蓄積されてきました。被災した住民のエンパワーメントや住民がたがいに支えあう関係づくりなどがとりくまれてきました。今回、福島からの避難を受

け入れた新潟では、どこに行っても中越地震のときに世話になったという意識で、避難されてきたみなさんに対し「ここで恩返し」という意識で一生懸命支援に取り組んでいました。「ああ、こうやって経験というのは伝わっていくのだな」と、たいへん興味深いと思って見てきたのが、とっかかりです。こうして、とっかかりができたこともあり、さらに、いろいろなところから声をかけていただき、その後、継続して調査をすすめることになり、いまに至っています。

東日本大震災後、最初は、新潟では中越地震、中越沖地震の経験があったので、その経験を生かして、自治体も民間も工夫を凝らして熱心に支援に取り組んでいました。しかし、時間が経過するにつれ、自分たちの支援について、だんだんと、「これは違うぞ」という思いをもつようになります。それは当たり前なのです。広域避難というのは、中越地震のときとはまったく様相が違います。原子力災害と自然災害の違いは、ものすごく大きいのです。

最初におこなわれた、新潟の経験を生かした支援は非常に意義のあることだったと思いますが、時間が経つにつれ、これまでの経験が役に立たないような現実というものがどんどん見えてきたのです。その結果、私の調査も、そうした現実から目が離せなくなりました。その後、途中にいろいろな経緯はありましたが、調査を続けざるを得なくなったというのが、だいたいの経過なのです。

（中略）

理不尽さと「宙づり」の状態

——さまざまな揺れや葛藤のなかで、選択を迫られてきた避難者ですが、いま、どういう状況下にあり、どのような思いをもたれているでしょうか。

政府も東電も、ともかく終わったことにしたい

「理不尽だ」という思いをもたれている方が多いということです。一言で言うとそういうことだと思います。悩む必要が本来ないことでみなさん悩ん

で、辛い思いをしているわけです。避難指示の原因だった原発事故はいまだ収束したとは言えません。帰還のための条件が整えられたというにはほど遠い状況にもかかわらず、帰還を促す政策が推し進められています。病院も商店の再開も十分ではなく、課題が多いもとで、とても帰れる状況にないと考える人が少なくないのです。

　いよいよ 9 年になりますが、避難指示解除もかなり進んで、政府も東電も、ともかく終わったことにしたいわけです。そして、報道されることも少なくなって、世の中の関心が薄れてきたと避難者も感じています。だから「いつまでも避難者扱いしてほしいとか、特別扱いしてほしいとか思っていないんですけど、なかったことにするのはやめてほしい。解決というのは難しいかもしれませんが、ごまかしたりするんではなく、ちゃんとしてほしいってすごく思います」と感じている。そして、被害を被害として口にできない傾向がすごく強まっているのではないかと思います。私は、「それは復興なのか」と強い疑問をもっています。

　とにかく「復興、復興」という話がされています。もちろん福島にいる人たちが、そう思わなければやっていけないと思っているのだろうということは理解できます。しかし、私は、基本、新潟に避難してきている方とのおつき合いですから、そういう目で見ます。結局、福島に戻ることが復興なのだと思われているけれども、彼ら彼女らにとっては、これまでのべてきたように、「戻る」と言っても、元の関係はすでにかなりバラバラになってしまっていて、すっかり変わってしまっている。そういうなかで、簡単に戻れないのです。

　そして、一方で、例えば「放射線の影響を気にする」など被害を口にすると、「風評被害だ」と言われてしまう。そうすると、もう何も話せなくなってしまう。そういう意味で、腹を括った人以外は、自分を押し込めて、押し殺しているのが現状なのではないかという気がします。

　先ほど、被災者がどんどん見えなくなっていると言いましたが、とくに被害が大きい人で声を上げられない人、本当にどうしようもなくなっている人が生まれてきていることは重大だと思います。しかし、支援をする側からは、

そこが見えにくくなっています。何か大きな出来事が起こる、例えば事件化したりすれば、そこで初めて目に見えるようになるのですが、そこに至るまでのあいだ、たとえどんなにひどい状況であっても目には見えないような被災者が生まれてきているのです。

　地元・避難元にいれば、ご近所や親戚、友人など、いろいろな目があるわけです。それが避難すると、元のコミュニティから切れてしまっているので、どうしようもなくなっていても、だれも気がつかなくなってしまう。いまそれが問題化してきているのです。格差が拡大するなかで、そのいちばん大きなダメージをうけている人たちがいて、生活困窮とメンタルな問題を抱えていながら、どこにも相談できないという人が生まれてきているのです。

納得できない、割り切れない思い

　そして、まだまだ、この先どうしていくのか、避難先と避難元のあいだで、どちらにも決めることのできない「宙づり」の状態にある人も少なくありません。たしかに、ここにきて、避難先、あるいは避難元の近くのどちらかに居住を移すという方がたぶん多いと思います。しかし、私の知っている方でも、まだ行ったり来たりという方もいらっしゃいます。そういう方も、行ったり来たりも大変ですから、そろそろ福島に移ろうという話もされて、たぶん今後さらに、どちらかに決めるということは進んできていると思います。

　もちろん時間がたった結果、気候の違いなども含め、避難先での生活にいろいろなところで慣れてきたということもあるのでしょう。避難先で家を建てることを選択する人もいます。その一方で、福島に残ったおじいちゃん、おばあちゃんの介護の問題など、時間が経てば経つほどまた新しい問題は出てきます。そうすると距離があることが大きなダメージになりますから、戻るという決断が迫られるのです。しかし、そうした進路の分化から、完全に取り残されてしまう人が、自主避難であれ、強制避難であれ、変わりなく生じている。

　ただ、最終的に、将来の姿を決めることができないという人もいらっしゃるのです。お子さんの進路の問題もあり、例えばお子さんが高校を出るまで

はとにかく新潟で、などと、学年の進行を見て考えたりという方もおられるでしょう。高校を出た後どうするかという問題も出てきています。とにかく最終的にどうするかをなかなか決められない人はいまでも少なくないと思います。

　そして、避難先の新潟に定住することを決めていても、なお帰れない故郷をめぐって、揺れや割り切れなさは感じていたりします。柏崎市への定住を決めた避難者は、あるときに「こんな状況で（富岡に）子どもを戻せるわけがない。国に全部買い取ってもらって、好きなところに住めと言われたほうがほっとする」と語っていましたが、別のときには、「気持ちの奥底では富岡を捨てられない部分があります。思い出が詰まっていますから」と話していました。

　新潟市に自宅を建てた別の避難者は、「故郷に帰りたい部分も、死なないと消えることはないです。なかなか完全に吹っ切れない部分が根底にある」と言います。だから、移住すると決めた新潟とのかかわりについても「半身になっちゃってるの」と言う。「避難者でなくなるというのは、身も心もすべてこっちに移すことになんでしょうけど、まだ、そこまでの決断には至ってないのが正直なところかな」と。もちろん、決めてしまう人は、どんどん、どんどん決めてしまって、ずっと新潟でという人もいるでしょう。しかし、たとえ新潟で家を建てても、最終的にどうするかは決めかねていて、その選択には「暫定性」がつきまとっている。どこかに納得できない、割り切れないものを感じ続けているのです。

生活再建に必要なこと

　──　9年がたち、これまで被災者、避難者が生活を再建するために、どんな支援がもとめられてきて、いまどんなことが大事だと思われますか。

被害や損害をきちんと認識し、責任の所在を
　いちばんのベースになるのは、被害や損害をきちんと認識し、それに正当

な賠償をすることだと思います。現在もそこが不十分であることがいちばんの問題だと思います。しかも、責任の所在を明らかにしていないし、誰も責任をとっていないのです。そこが根本的な問題としてはある。これは大きな問題です。まさに裁判で争われている問題でもあるのです。

　強制避難者に対する東電の賠償は、個人・世帯単位での損失補填という形でなされてきました。しかし、「失われたもの」の核心をなしていたのは、地域をベースとした「当たり前の暮らし」そのものです。その場所で、さまざまな人と出会って、紡ぎ出し、織りなす人間関係は、その中核です。過去から未来に至る暮らしの時間の継続性も、「当たり前の暮らし」の重要な要素です。とくに「子ども」の存在は、その中心にあったと思います。原発事故は、避難を強いられた人びとから、こうした「当たり前の暮らし」を根こそぎ奪ったのです。この問題の解決を抜きにして、「生活再建」がありえるかは疑問です。

　二つ目に、先ほど分化や格差のお話しをしましたが、そういう避難者の個別の事情に応じた支援、生活再建支援というものは、ずっと避難先の市町村や民間の支援団体が担っておこなわれてきたのだと思います。しかし、そこに人もお金も割かれていない状況で、避難先の市町村や民間に負荷がかかっている。合理化で人がどんどん少なくなっているなかで、長期的なケアはなかなか難しくなってきているのです。そのへんをちゃんと責任持ってサポートするような、国の制度と体制が必要なのではないか。だから、取り残される人はどんどん見えなくなって、埋まっていってしまう。声を上げられないで困っている人を、なんとか発掘する、見つけていかないと、見えないままでは、悲劇的なことになってしまう可能性がこれからもあります。

　そして、より被災者によりそった支援を、被災者のペースですすめることです。もともと、被災した人たちが、納得して次へすすむのには時間が必要です。ところがその時間のことで言えば、東京オリンピックなど、本来、被災とは関係のない時間による制約のされ方をされています。つまり、被災者のことを考えていない形で、時間軸が定められてしまっていることが、むしろ復興を遠ざけているのではないかと思います。

　ここでも要するに、根本的にはどれだけのものを奪ってしまったかという認識がないのだと思います。お金を払えばいいだろうという姿勢で、しかも、払っているのはごく一部なのです。それだけ、失われたものの重さみたいなものがちゃんと理解されていない、認識されていないことが、問題の根を深くしているような気がします。だからこそ早めに復興し、終わりにしてしまおうという方向にどんどん持っていこうとしている。それがいろいろ問題をこじらせていると思います。

　これは水俣病と同じです。これまでの公害と同じだと思います。被害の解明を徹底して教訓化するのではなく、早く終わらせようとする。安く済ませようとするから、どんどん、どんどん問題が深くなってしまう。そこは共通しています。

　だからこそ、政治に求められているのは、いまなお詳細な実態把握が必要だということです。その事実に応じて、必要な生活再建支援をおこなうということではないかと思います。避難の実態そのものが最初からきちんと把握されていないまま、何となくここに至っているのです。しかも、それはこれまで現場任せで、だから現場によって差が出てきてしまったりします。

求められる「避難の権利」

　もう一つ、ここで言っておきたいのは「避難の権利」の問題です。これは決して過去の問題ではなく、現在も問われている問題です。自主避難の方の言葉でよく聞くのが、要するに「神経質な奴らと思われる」「『過剰に反応しているのではないか』と周りから見られてしまう」ということです。しかし、本来、それは、例えばチェルノブイリの事故のときには、放射能の被害に対して、避難の権利として認められていた問題だったわけです。にもかかわらず、「自分たちが変わり者みたいな目で見られてしまうのは、辛い」と。だからこそ、もし避難の権利を権利としてきちんと公に認めることによって、そこは変わります。

　ところが、最近は、自主避難者への視線がいっそうひどくなっている感じがします。自主避難していること自体が風評被害という言われ方までしてい

るのです。避難の権利を認めるどころの話ではなくなってきています。だからこそ、自主避難をしている方は、「避難の権利」を認めてほしいと強く願っています。それは、「強制避難と同じように、正当でだれが見てもおかしくないような権利、みんなが認めて変人あつかいされないような権利」です。「安全」を押し付けるのではなく、「みんなが納得して選べる避難、避難の権利がほしいのです。人それぞれ考え方も違うと思うので、こういう考えも認めてもらいたい」と。

　以前、自主避難者がインタビューで語っていた「福島でも、平成30年までに避難者をゼロにするみたいな目標を掲げてがんばっているようですけど、避難する、しないは個人の自由だと思うんですよね。自主避難も一つの選択だと思うし。不安に思っていることを『安心だから』『安全だから』っていくら言われても、それが信用できなくて避難しているので、そこをもうちょっと認めてほしい」という言葉は、いまでも切実なのです。

　そして、誤解を恐れず別の言い方をすると、大変難しいのだけれど、それは同時に、「世論」の問題でもあると思います。やはり、「ひとごと」と思っている人が多い。新潟県には原発がありますので、「ひとごとではなく考えましょう」ということを講演やメディアの取材などでお話しすることもありますが、原発事故で、こんなに大切なものを奪われているのだということを、周りがもう少しきちんと理解していれば、そうした世論があれば、もう少し避難者の尊厳が守られるのではないでしょうか。それは、私たちの力の弱さでもあるのです。

　決して、楽しい話題ではありませんから、なかなか周りに伝わっていかない。むしろ偏見とか差別みたいな眼差しで見てしまっていることが、ますます尊厳を奪っていくことになってしまっていると思うのです。それは権力者の、国や東電の責任であると同時に、私たち自身の責任としていまも問われていると思います。

＊　　　　＊　　　　＊

　いま、新潟では、福島の事故から学んで、議論をすすめています。県には、原発事故に関する3つの検証についての委員会がつくられていま

す。私も、「原発事故が健康と生活に及ぼす影響の検証」のなかの生活分科
会に参加しています（審議状況や、発表されている調査結果については、新潟県
のホームページを参照してください https://www.pref.niigata.lg.jp/sec/shinsaifukkoushi
en/1356877762498.html）。私たちの仕事は、「一度、事故が起こるとこうなり
ます」という避難生活の実態を、事実にもとづいて明らかにしていくという
ことです。いま粛々と作業をすすめていますが、県民にどう伝えていくのか
がなかなか難しいと感じています（検証委員会の活動については、立石雅昭・に
いがた自治体研究所編『原発再稼働と自治体──民意が動かす「3つの検証」』、自治
体研究社を参照してください）。

　避難生活の大変さについての事実は、いくらでも積み上げることができま
す。しかし、それをどうリアルにわかってもらえるかが大変で、一番悩まし
いところです。他人ごとではなく、自分のこととしてわかってもらう。そこ
をちゃんとわかってもらえば、それなりにそれぞれが考えを持ってもらえる
と思っているところです。

　被災者・避難者のみなさんは、辛い経験をしながら、前を向いてとにかく
毎日暮らしている、一生懸命がんばっておられます。元気にがんばっておら
れるように見えるから、もう、そんなには失っているものはないのだという
ふうに見てしまうと、それは違ったことになります。大変多くを失いながら、
それでもそれをバネにされている方もいらっしゃいますし、とにかく「こん
な目に遭う人が出てこないように」という意識で活動されている方もいらっ
しゃいます。ほんとうに、そのあたりは頭が下がるのです。

　たぶん表面的に見えているものと、表面的にもなかなか見えなくなってい
るものとがあるのです。だからこそ、見えているものと、その奥にあるもの
と、私たちはその両方を見ていく必要があると思っています。そのどちらも
真実で、そうした避難者の姿や声をしっかり受け止めていきたいと思ってい
ます。

（『前衛』2020 年 3 月号、所収）

終　章　再生のために

1.　終わらない被害

原発避難者・被災者の話を聞く

　本書の前半（第1章・第2章）では、原発避難者・被災者からうかがった話にもとづいて、短い解説と補足をはさみながら、その「語り」を中心に記述してきた。私自身あらためて確認できたのは、今回の被害がふつうの人の「ふつうの暮らし」にある日突然現れ、それを奪ったということである。福島第一原発周辺では、原発事故など起きないと言われ続け、多くの住民はそう信じ込んでいた。まともな備えもないなかで、突然事故は起こった。

　原発事故と避難による被害は多方面にわたるが、とくに仕事（収入）や住まいなど、生活の基盤を直撃した。仕事や趣味などを通じた生きがいや思い描いていた将来の計画・希望も奪われた。とりわけ、「ふつうの暮らし」の重要な一部である社会関係への打撃が深刻である。被災者が維持してきたさまざまな社会関係が壊され、失われていった。それは、被害からの回復を難しくし、遅らせるものでもあった。

　本書では、まずは対象者それぞれの個別的な被害のありようを描いた。「ふつうの暮らし」は対象者の置かれたさまざまな条件に応じて個別的なもので、被害のありようもそれぞれである。共通の根をもちながらも、被害の現れ方、その受け止め方は一人ひとりそれぞれ異なる。「被害を口にできない被害」を含めて、10年近くの時間が経過しても終わりの見えない被害について、対象者の経験と思いを、その言葉を通じて再構成してきた。

　当然のことながら、被害と向き合い、つらい状況と折り合い、再生を模索

していく過程もまた個別的である。どれほど深刻な被害であっても、被害だけに目を向けて暮らし続けることは難しい。それが10年にもおよぶ時間であれば、なおさらである。生活のなかで「よかった探し」をしなければ暮らしていけない（第2章4-1）。それぞれなりに、どこかで被害を受けとめ、折り合い、なんとか前を向いていこうとする。

　だが、この過程は単純で直線的なプロセスではなく、葛藤、ゆれ、迷い、行ったり来たりを繰り返す。折り合いから、どうしてもはみ出すものも出てくる。過去の自分と向き合い、過去の記憶と向き合うことが、いまの自分を意味づけることもある。たまたま当事者となった自分には、もちろんそうならない可能性もあった。それを想起することが、いまの自分を相対化したり、自分を取り囲む周囲を理解するきっかけとなることもある（第1章4-1，第2章4-1など）。

　時間の経過のなかで、「語り」が変化することもある。以前は比較的前向きな話を語ってくれた人が、最近のインタビューでは「じつは……」と語り直す。「自分は苦しいこともあるわけですよ。それを誰にも話せない」（第1章3-3）。「私が私でないような、もやもや、もやもやと、自分の人生を歩いていないという感じでずっといました」（第2章3-1）。

　こうした「ゆれ」もまた、ふつうの人のふつうのありようを示すものではないだろうか。当事者である彼らは、いまはまだ、たまたま当事者ではない私たちと、どこも変わらない。だから、私たちも、いつ理不尽な目にあうかわからない。被災者の個別的な経験と思いを描くことを通じて、共有したかったのはこのことである。

決断の連続と「自己責任」化

　原発事故と避難を経験してきた避難者・被災者は、きわめて少ない選択肢のもとで決断を迫られ続けてきた。いつ、どこに、誰と避難するかといった判断は、すべて家族と個人にゆだねられた。避難指示区域外の住民にとっては、避難するかしないかも自分で判断するしかなかった。避難後は、住居や子どもの進学先、自分の仕事など、避難生活上のあらゆることを、そのつど

自分たちで決めていかなければならなかった。いままた、避難指示の解除が進むなかで、帰還するかどうか、帰還するとしてどこに帰還するか、といった判断を迫られている。

　こうしたあらゆる判断・決断は、豊富な選択肢のなかから自由に選び取られたわけではない。情報も支援も不十分な状況で繰り返し選択を迫られてきた。そもそも選択の余地がない場合も少なくなかった。何よりもつらかったのは、長期的な見通しがいっさい立たないことである。借り上げ仮設住宅の提供をはじめとする支援制度は、その大部分が1年更新だったため、つねに短期的なスパンで考え、決めていくしかなかった。避難者支援のグランドデザインを欠いたまま、タテ割りで小出しの施策や制度が次々に打ち出される。そのたびに、避難者も現場の支援者も疲弊していった。多くの避難者は、「決断疲れ」に陥ることになる。

　本書の第1章と第2章でたどってきたように、避難者・被災者は、理不尽な状況のもとでそのつど懸命に、精一杯合理的にさまざまな判断を下してきた。そしてみずからの行動を意味づけ、状況と折り合う努力を続けてきた。葛藤やゆらぎ、折り合いからはみ出すものを抱えながら、長い時間をかけて懸命に前を向こうとしてきた。しかし、生活再建のための支援が不十分であることにより、自分の選択や判断に対する不安や迷い、その結果に対する自責の念もつねにつきまとったのである。

　さまざまな選択を迫られ続けた避難者は、吉田千亜が紹介するように、選択の責任まで背負い込むことになる。「私たちは、この道を右に行くか、左に行くか、というところから、何かを選ばなくてはならなかった。そして、『いまのあなたの置かれた状況は、あなたが選んできたものだ』と言われてしまう。でも、いつも、『選びたい』と思う選択肢なんて一つもなかった」（吉田 2020: 206）。こうした思いは、本書で取り上げた避難者の多くに共通するものだった。

　たとえば、「誰かに助けを求める気持ちも失せた。誰も助けてくれない、自分たちの身は自分たちで守らなければいけないんだなっていう絶望感も味わった」という悲痛な言葉もあった（第1章 3-1）。避難指示が解除された避

難元でも、次のような声があった。「そんな無責任なこと、あるか。こんな大事故起こして、人が住めないような状況にして、『帰るも自由、帰らぬも自由』って、ふざけんじゃない」。「もうなんでもない地域だよと。帰らないやつらが悪いんだみたいな格好を取られるっていうのが見えてきていた。自己責任の世界だって」（第1章4-3）。あとは自己責任で、という流れがいっそう強まっている。

　避難者・被災者が生活再建と自立を果たすためには、選択肢を十分に用意し、選択の結果を適切に支援することが必要である。しかし実際には、責任をもった政策や支援制度が実現してきたとはとても言えない。復興予算は、公共事業などのハード面に多くが投入され、被災者の生活再建支援というソフト面には十分な手当がなされてこなかった。生活を立て直すための判断も責任も、被災者に「丸投げ」されてきた。さらには、条件を整備しないまま性急に「自立」をうながす動向のなかで、すべてを被災者の「自己責任」にゆだねる構造が形づくられている。

2. 再生の困難

「人生の次元」の欠落

　序章では「人生の次元」という言葉を取り上げ、本書で個々の避難生活の経過に即して掘り下げてみたいと述べた。「人生の次元」とは、一人ひとりの避難者・被災者が、それぞれ積み重ねてきた時間と、その蓄積をふまえた未来への展望を意味している。本書の対象者は、さまざまな言葉でこの「人生の次元」とその欠落にふれていた。

　たとえば、「あれ、ゼロから？」「毎日アップデート」（第1章2-1）、「自分のなかの空白期間」（2-3）、「福島県から来たっていうことは、口が裂けても言えない状況でした」（3-2）、「聞いてくれる人がいない」（3-3）、「全部の関係性のないただの私」（第2章3-1）、などなど。

　「生活の次元」で折り合いをつけたつもりでいても、そこからはみ出すものがある。それもまた、「人生の次元」とかかわっている。「消化できないま

ま、奥底に置いてある」気持ち（第2章2-1）、思わぬ時に「ふと出てくる」記憶（2-2）、「すべてを受け入れるしかない」と思っても、どこか「宙ぶらりん」（2-3）、「なんで私はここでこういうことしてんだろう」という考えが「ふと」浮かぶ（2-4）……。

　こうした言葉が表しているのは、折り合いをつけようとしても、どこかに整理のつかない、割り切れないものが残っているということだ。それは、積み重ねてきた時間の重みを示す。上述の、葛藤やゆれ、「語り直し」も同様である。事故と避難によって断ち切られた「人生の次元」が、時おり思いがけず浮上してくる。だがそれは、欠落を示すとともに、「回復」への手がかりにもなるのではないか。

　私たちには、一人ひとりの固有の人生の重み、経験の積み重ね、つちかってきた関係性に対する理解と、その敬意を込めた承認が求められている。それは「尊厳」の尊重と言い換えることもできる。「避難者は好きで避難者になったわけでもなく、突然なるものです。そうすると、いままで蓄積された社会的地位とか、いろんなものがゼロになるわけですよね。でも、自分の心のなかではゼロじゃないんです。だから、この尊厳を無視されると余計立ち直れないっていうのは肌身でわかってる。一人ひとりの尊厳が守られなきゃいけない」（第2章4-2）。奪われているものの核心は、この意味での尊厳である。尊厳が尊重されてはじめて、私たちは「自尊（self-respect）の感情」をもつことができる（齋藤2017）。

　被災者の損失に対する償いは、こうした視点からもなされなければならない。原発事故と避難は、被災者の時間を切断し、場所から引き離し、築いてきた人間関係を壊した。その回復は容易ではない。こうした損失は、可視化し算定するのが難しいかもしれない。しかし、その回復がはかられないでいることが、被災者の再生を困難にしている。こうした被害は、むろん、生産と生活の共同に根ざした農山村の住民にのみ特有のものではない。本書の対象者の多くは町場で暮らす人びとだったが、いずれも多かれ少なかれ「人生の次元」におけるダメージを負ってきた。

　被災者は、強制避難者や母子避難者、高齢者、母親とみなされ、一般化さ

れるのではなく、一人の具体的な誰かとして「見られること」を必要としている。当事者個々人が経験と向き合い、整理し、折り合いをつけ、先に進むことは、被災者の再生にとって必要なことである。だが、それだけでは不十分なのだ。このプロセスにつきあい、「聞く人」の存在と、その人による尊重が必要とされている。つまり、そうした関係性の回復も被災者の再生に不可欠なのだと思う。「人生の次元」における被害が認められ、正当に償われるとともに、その喪失のかけがえのなさ、飲み込もうとしているものの苦さが周囲から理解されてはじめて、被災者は再生への一歩を踏み出すことができるのではないだろうか[1]。

その際に、避難者・被災者が受けとめてきた「被害」を伝える言葉に加えて、その語りに急に立ち現れる〈折り合いからはみ出すもの〉の姿は、彼らの尊厳そのものである「人生の次元」を理解するための糸口になるのかもしれない。

関係性の変容

本書の後半（第3章・第4章）では、少し射程を広げて、いくつかの点から個別的な「語り」を補足し、位置づけ、深めることを試みた。まず、新潟県における原発避難について、広域避難者の関係性の変容を中心に全体の傾向を時系列で整理した。避難が長期化するとともに、生活再建の格差が拡大する。そのなかで、避難者の孤立化、潜在化が進み、被害を自己責任で抱え込む事態も生じていた。

さらに、支援に取り組む団体（新潟県精神保健福祉協会）の活動から、とりわけ深刻な困難を抱えた避難者の状況を取り上げた。この団体は、生活の困窮や子どもの不登校、体調不良や精神的な不調、家族関係の悩みなどについて相談を受けてきた。こうした悩みや不安の背景には、長期的な展望も仕組みもないまま場当たり的に繰り出される支援施策や、避難前の生活では当たり前に存在していたインフォーマルおよびフォーマルな社会資源が県外避難によって失われたこと、などがある。この団体は、中越地震の際にも「こころのケアセンター」を開設して支援にあたってきたので、両者の違いが目に

つく結果となった。

　中越地震をはじめとするこれまでの自然災害の経験からは、被災と喪失は被災者一人ひとりで異なること、支援の際にはその固有性、かけがえのなさが尊重されるべきであることが教訓として得られた。支援にあたった「こころのケアセンター」の活動とりまとめでは、「被災者個人が感じる喪失、悲嘆は一つとして同じではない。本活動を通じて、被災者一人ひとりの被災体験を受けとめ、丹念に聞き取ることの重要性を痛感した」ことが強調された。

　地域において、また支援者との関係において、被災者は固有性の尊重にもとづいた「話す−聞く」関係のなかで、被災と喪失の経験を整理し、消化することができた。そのようにして「地域の治癒力」が発揮された。語ること、そして記録することを通じた記憶と経験の整理は、被災者が「それなりの今」を受け入れて、再び前を向く力となっていった。

　しかし、本書の第1章・第2章でも見てきたように、今回の原子力災害の場合は、不安や自責を他者に語り、共有することが難しいという特徴がある。そのために、自分の経験や置かれた状況を、自分のなかで整理し、消化することがなかなかできない。放射能のリスクに対する評価や賠償の受け止め方などの違いによって、家族・隣人・友人などさまざまな人間関係に分断線が走ってしまい、率直に「語る」ことが難しくなってしまった。避難指示の有無にかかわらず、地元の人間関係もすっかり変質してしまっている。

　そのために、避難者・被災者の経験は、整理も消化もされないまま、個人のなかに押し込められてしまっている。事故と避難に対する周囲の不理解、賠償などに関する誤解と偏見、そして事故そのものを「終わったこと」にしようとする力が被災者を取り巻いている。それが、「語ること」を抑制し、被害に蓋をして自己責任で抱え込むことにつながる。

　語ることの困難、「話す−聞く」関係の成り立ちがたさは、被災者が再び前を向いて歩みを進めることを妨げる。社会の側では、風化と忘却に身をまかせ、重大な事故の経験が「なかったこと」にされてしまう。それは、貴重な教訓から学んで次の危機に備える機会を失うことにつながる。新潟県が試みている原発事故の「3つの検証」は、経験と記憶を記録し、忘却に抗して

社会のリスクを減らそうとするものでもある。

　私がかかわってきた「生活への影響」に関しては、これまで空間的・時間的にさまざまな側面から検証を進めてきた。その結果、どのような切り口から見ても、依然として被害が深刻で回復が難しいことが明らかになってきている。避難者・被災者は多くの犠牲を払い、多くのものを失ってきた。それにより、避難するしないにかかわらず、生活の質を低下させてきた。しかも、こうした被害が周囲から理解されず、不可視化が進んでいる。こうした状況を社会で共有し、支援につなげていく必要がある。

3. 再生のために必要なこと

関係性の再構築

　被災者が、避難前の暮らしや避難の決断、避難先での生活、失ったものや故郷への思いなどの記憶と向き合うことは、容易ではない。原発事故や避難がなければ〈ありえたかもしれない生活〉に思いをはせることになるだろうし、自分が下してきた一つ一つの決断にともなう〈選ばなかった選択肢〉のその先に、後悔や迷いを感じることもあるだろう。そのつど〈失ってきたもの〉の大きさを、十分に受け止めきれないこともありえる。

　こうした記憶への向き合いは、個人の内部でおこなうには重すぎるのかもしれない。個人に閉じない仕方で記憶と向き合うためには、「聞く人」が必要になる。自分の内側にある迷いや後悔、怒りや悲しみ、つらさを言葉にすることによって、自分の経験と記憶を整理し、受け止めることができる。そうやってはじめて、不安をしずめ、また前を向いていくきっかけを得ることができる。

　被災者は、話してもわかってもらえない人に話す気にはなれない。だからどうしても、同じ経験をしてきた被災者同士で話すことが多くなる。しかも、避難指示や賠償の有無などで条件を共有できる人の方が話しやすい。本書でも見てきたように、避難先でつくる避難者コミュニティは、相互に「聞く人」になって、不安を和らげる役割を果たしてきた。しかし時間の経過とと

もに、そこにいっそう細かな分断線が走るようになり、「話す－聞く」関係の維持が次第に難しくなってきている。帰還に対する考え方や生活再建のスピードの違いが目につくようになってくると、なかなか本音で話せなくなる。

　本書の序章では、「地域」の捉え方について、もう少し広く「関係性」「共同性」という角度も加えて再考する必要があるのではないか、という提起もおこなった。被災者が再び前を向いていくためには、やはり「関係性の再構築」が不可欠であることがわかる。すなわち、中越地震などの自然災害の際に指摘された「地域の治癒力」に代わるものをどうやって確保するかが課題である。それは被災者の「人生の次元」を尊重し、その「尊厳」を認め合うものでなければならない。

　そのためのヒントは、避難者自身の模索のなかにも含まれていた。分断を拒み、軋轢を回避しながら、被災者同士、被災者と他の被害者、被災者と非被災者との間をつなぎ直そうとする努力が積み重ねられている。そのなかで、喜びや手応えを感じることができたという話も聞くことができた。

　たとえば、（いまのところは）被災者ではない人びとに、被災経験を語り、理解をうながす試み（第2章3-1，3-2，4-2）があった。新潟水俣病の被害者と「協同のつどい」を開く取り組みや、そうした活動を通じて「自分を認めてあげられる」という語りもあった（4-1）。また、現に存在する避難者や被災者の間の分断に抗する「ゆるい運動」を意識的に目指す試みもあった（4-2）。さらには、福島で暮らす人びとと福島県から避難した人びとの分断を、その「真ん中」に立ってつなぐことを意識した活動もあった（4-3）。これらの活動は、さまざまな形で「話す－聞く」関係の通路を開き、被災者の「尊厳」を守ろうとするものである。分断と自己責任化の流れに抗して、関係を結び直す試みである。

　しかしこうした試みが、再び被災者のみに「丸投げ」されてはならないだろう。私たちが受けとめ、私たちなりに考えていくことが必要である。まず、被災者が安心して暮らしていくのを支えることは、行政の最低限の責務である。それを確保した上で、被災者ははじめて、過去や記憶と向き合い、経験を整理し、折り合っていくことができる[2]。

関係の治癒力と「共有」

　とくに広域避難の場合は、地域を基盤にしにくいことが関係の構築・再構築を難しくしている。無理に避難元の地域をベースにしようとすると、かえって関係を損なってしまう場合もある。また、避難先の「地域」がその役割を発揮するためには、やはり長い時間が必要となるだろう。「地域の治癒力」は、あらたな関係性のなかで位置づけ直されなければならない。

　あらたな関係性のなかで、「治癒力」が発揮されるためには、何が必要なのだろうか。一つの鍵を握るのは、多様な「共有」ではないか。たとえば賠償などで異なった条件におかれた避難者同士であっても、原発事故により避難を強いられた事実そのものは共有できるはずだ。共時的な共有だけでなく、時間軸を広くとった共有も想定できる。被災前から現在までの経験の蓄積、とくに被災後の葛藤や不安を含めた個別の経験のなかには、共有可能な要素がきっと含まれているだろう。その過程で、喪失感や不安を抱かなかった人はほとんどいなかっただろうから[3]。

　地域をベースとした「共有」は、一定の条件のもとではすぐれた「治癒力」を発揮する。しかし、地域に依存しすぎると閉鎖性・排他性につながる場合もある。とりわけ今回の原発事故のように、大規模で長期にわたる避難や関係性の毀損が生じている場合には、さらに別な形での「共有」を考えていく必要がある。被災者自身の取り組みにも見られるように、そのルートは多様であろう。

　被災者と被災経験をもたない者との間にも「共有」は成立しうる。自然災害の多発する日本列島には、廃炉が決まったものを含めて50基を超える原子炉がある。これから先、原発事故はいつでもどこでも起こる可能性がある。原発事故避難者・被災者になる可能性は、残念ながら私たちのほとんどすべてにあると言ってもいいだろう。将来のリスクまで考えれれば、私たちと目の前の被災者が共有しているものは確実にある。

　このように考えれば、原発避難者の経験はけっして「他人ごと」ではない。私たちの誰もが、経験の重さへの敬意を払いながら、「自分ごと」として耳を傾ける必要がある。人としての尊厳や固有性は、私たち自身にとってもか

けがえのないものである。原発事故により、それがふみにじられることへの
怒りは、少し想像力をはたらかせれば誰もが共有できるはずだ。

　現状では、逆に、被災者にさまざまな被害を「自己責任」で抱え込ませる
流れが強まっている。自己責任で抱え込んでしまうと、再生していくことは
きわめて困難になる。そもそも発端の原発事故は、被災者には責任を負えな
い、負う必要のないできごとだったはずである。共有の余地は狭められ、分
断と孤立化が進んでいる。こうした自己責任化、分断、孤立化は、原発事故
と避難でたまたま顕在化したものだが、じつは日本社会が構造的に抱える問
題でもある。それは、いままたコロナ禍で顕在化している⁴。

　原発事故による避難者・被災者の置かれた状況を放置し、忘却にゆだねる
ことは理不尽である。それは同時に社会を劣化させ、そのリスクを高めるこ
とにもなるだろう。とりわけ、公文書や統計の改竄や破棄が日常化している
現在の状況を目の当たりにすると、いま起こっていることを記録し、検証し、
声を上げ続けることの必要性はますます高まっている。

　現在の被災者が格闘しているのは、本来はしなくてもいい苦労であり、
失ったものはあまりにも大きい。それを当事者以外が「他人ごと」とみなし
てしまうと、明日はきっと「自分ごと」になるだろう。被災者がいま立って
いる場所と私たちが暮らしている土地は、結局のところ地続きなのだから。

注

1　もちろん現状では、狭い意味での生活再建でさえ不十分である。住宅支援の終
了は多くの避難者を経済的に苦しめているし、「復興格差」のなかで取り残され
る被災者も出てきている。まずは、被災者が長期的な見通しをもちながら、日々
の暮らしを安心して送っていくための条件整備が必要である。

2　新潟県中越地震や中越沖地震の際には、自治体は「自分の住民」である被災者
を取り残さないように、最大限の努力を払った。たとえば中越沖地震では、柏
崎市が被災者の抱える課題とニーズを把握した上で、「被災者台帳システム」
を作成し、必要に応じて個別の支援プランもつくった。こうした仕組みにより、
被災者の事情に応じた支援が実現された（髙橋編 2016: 37-40）。広域避難の場合
は、被災者がどこに避難していようとも、「自分の住民」として腰を据えて支援
する行政機関とそのための制度が確保されなければならない。避難が長期化す
るなかで、支援の網の目からこぼれ落ちる被災者が現れている。まずは、避難
者の生活実態を正確につかみ、適切に必要な支援を届けるための調査がなされ

なければならない。

　その上で、困難を抱えた避難者が避難先と避難元の狭間に落ちないようにするための、「二重の住民登録」、あるいはそれに代わる制度を検討する必要性は、ますます高まっている（今井 2017）。そうした制度的保障を確保すると同時に、帰還か移住かではない「長期待避、将来帰還」という復興の「第3の道」（舩橋 2017）、複数の生活再建の道筋の保障と被災者の自己決定の尊重、「尊厳」の回復を目指す「複線型復興」（丹波 2019，清水 2019b）が粘り強く追求されなければならないだろう。

3　とはいえ、「共有」を強調しすぎることは別の問題を招く。一つになって助け合おう、という話ではもちろんない。共有しえないものは多々あり、共有できないことも尊重されなければならない。「共有」は、あくまでも部分的で、そのつどの、多様なものであることが重要だろう。

4　現在のコロナ禍では、目に見えないウイルスへの不安、不透明な未来への不安も顕在化している。これは、原発事故による避難者・被災者が抱えてきた不安と同型であり、この面でも「共有」できるものがある。

あとがき

　福島県富岡町から新潟県柏崎市に避難中の堀さんご夫妻（仮名）からは、これまで何度もお話をうかがってきた。2019年の夏にお邪魔した時にあらためてお聞きした言葉は、私にとって少なからずショックだった。これまで苦しいことがあったが、それを誰にも話せなかった。なぜなら「聞いてくれる人」がいなかったからだ──このように話して下さったのである（本書第1章3-3）。避難先でなごやかな人間関係を取り結んでいるようにみえた彼らも、まわりの人びとに原発避難による苦しさやつらさを話すことができなかった。

　私たちは、原発事故避難者・被災者がみずからの被害を口にできないのは問題だと言う。それは被害を不可視化することになるので、もっと語って欲しいと。しかし本当は、語れないのではなく「聞く人」がいなかったのだ。つまり、いまはまだ（たまたま）被災者ではない、私たちの側の問題なのである。私自身、避難に起因するご夫妻の苦難についてずっとうかがってきたが、その苦しさをまわりの人びとに話せない悩みにまでは考えが及ばなかった。私も「聞く耳」をもっていなかったのである。なぜ、私たちはいつまでも「聞く人」になれないのだろうか。──それが本書をまとめる起点となった。

　自然災害の被害を受けたコミュニティでは、住民同士でつらい経験を語り合うことが被災者の回復を助けてきた（地域の治癒力）。原発避難者の場合も、みずからの体験を整理して他者に語ることが、ふたたび前を向くきっかけとなるケースを知ることができた。しかし本書でもたどってきたように、多くの避難者は誤解と偏見にさらされて、苦しさやつらさを口にできずにいる。

それどころか、避難してきたこと自体を隠さざるをえない場合さえあった。自分が受けた理不尽な被害や苦しさを他者に向けて語れないことは、原発避難者の被害を覆い隠し、増幅し、回復を遅らせるだろう。

　それでは、どうすれば私たちは「聞く人」になれるのか。それは、私たちが避難者・被災者の苦悩を「他人ごと」や対岸の火事ではなく、「自分ごと」として考えることができるかどうかにかかっている。彼らが苦悩を抱えてたたずんでいる場所は、私たちが暮らしている場所と「地続き」なのだ。

　インタビューによって得られた「データ」を類型化し、できるだけ一般化して提示するのが社会調査の常道である。しかし、とくに本書の第1章と第2章では、あくまでも避難者・被災者一人ひとりの個別的で具体的な経験と思いにこだわって記述していった。その理由は二つある。一つは、具体的な語りには一般化できないものが含まれており、その個別性のなかにこそ、一人ひとりの「尊厳」があると感じたからである。もう一つは、一般化しないことによってむしろ、語りの部分や断片のなかに「引っかかる」ものが見いだせるのではないかと思ったからだ（私がそうであったように）。それは、今回のできごとを「自分ごと」として理解し、共有するきっかけにもなりうるのではないか。そんな希望を込めている。

　長い期間にわたって何度も貴重な時間を割き、私の立ち入った質問に答えて下さった避難者・被災者の皆さまに、心よりお礼を申し上げたい。原発事故と避難により失ったものや日々の苦労を振り返っていただいたことを申し訳なく思うとともに、このように個別の事情を含んだ文章化をお許し下さったことに、この場を借りてあらためて感謝したい。

　関心を共有する研究者・支援者の皆さまからは、研究会などの席上や文献上で貴重なご教示を頂戴している。とくに、私が学生・院生時代をすごした研究室の先輩である佐久間政広さん（東北学院大学）には、何度も助言と励ましをいただいた。また、避難者支援の最前線で奮闘している新潟県精神保健福祉協会の本間寛子さんと田村啓子さんからは、さまざまな機会を通じて現場で直面している課題をうかがってきた。彼女たちが日々感じている怒り

や悲しみを、本書が少しでも共有できているとうれしいのだが。

　2017年にスタートした新潟県原発事故検証委員会（生活分科会）でご一緒している委員の先生方、事務局を担当して下さる新潟県震災復興支援課の皆さまにもお世話になっている。外部からお招きして専門知識を提供いただいた皆さまにも、お礼申し上げたい。多くの方のご協力を得ながら多面的な検証を進め、原発事故による生活への影響がきわめて深刻で、長期にわたって続き、回復が難しいことを明らかにすることができた。私たちが進めてきた避難生活の検証が、新潟県民（そして、できれば日本全国の住民）による原発再稼働問題の判断に生かされることを願っている。

　本書は、2020年度の前半に研究休暇を取得できたことにより執筆が可能になった。6年間の暗い穴蔵のような管理職生活から解放されたタイミングで、自由な時間を許して下さった新潟大学人文学部の同僚にも感謝したい。また本書の刊行は、前著（『故郷喪失と再生への時間』）に引き続いて東信堂に引き受けていただいた。専門書（とりわけ震災関係）の販売が厳しいなかで、出版を判断下さった下田勝司社長にお礼申し上げたい。なお本研究は、JSPS科研費（JP24530615, JP16K04058）の助成を受けたものである。

　福島第一原発事故は、どこをどう見ても歴史的な失敗である。私たちの社会は失敗から学ぶことがとりわけ下手だったために、これまでも同じようなことが何度も繰り返されてきた。誰も責任をとらないことが常態化し、いつの間にか手痛い失敗も「過去のこと」として忘れ去られてきた。しかし犠牲の大きさを考えると、今回と「同じこと」は絶対に許されない。そのためには、たとえ大きな痛みをともなっても、失敗の軌跡を丹念に記録し、徹底的に検証することが不可欠なのである。

　その一方で、被害の記憶に蓋をして忘却をうながし、早く次のステップに進もうとする力も強い。「何ごともなかったかのように」元の軌道に帰ろうとする強い流れがある。私たち自身も、危険や不安をできるだけ遠ざけて（見ないようにして）、日々を平穏にすごしたいと思ってしまう。

　しかし今回の教訓の一つは、いったん被災者となると多くのことが「自己

責任化」される、ということである。支え合うための「社会」はやせ細り、個々の選択の責任と「自助」が求められる（現在の「コロナ禍」においてそうであるように）。被災者は周囲から孤立し、「自責」の念に駆られることもある。そもそも被災した一般の住民には責任のとりようもないことが、出発点だったにもかかわらず……。

　私にできることは相変わらず本当にささやかなのだが、とにかく避難者・被災者の声を聞いて記録し、伝えることを繰り返すしかないと考えてきた。原発事故から 10 年近くがたっても、多くの被災者が元の暮らしを取り戻すことができていない現実があり、それはいたる所に原子力発電所を抱えたわが国の住人にとって、けっして「他人ごと」ではないということを。こうした地味で小さな繰り返しが、少しでも将来の被害者を減らすことにつながることを願っている。

参考文献

アーリ，ジョン，2006，『社会を越える社会学——移動・環境・シチズンシップ』（吉原直樹監訳）法政大学出版局．

淡路剛久・吉村良一・除本理史編，2015，『福島原発事故賠償の研究』日本評論社．

池内了，2018，「原発立地自治体・地元自治体に問われていること」（立石ほか編 2018，5-20）．

————，2020，「福島事故の検証の重要性」『科学』90 (8)，649．

池田啓子，1997，「老いの危機管理——生きられた経験としての阪神大震災」『岩波講座現代社会学第 13 巻 成熟と老いの社会学』岩波書店，161-178．

市村高志，2013，「私たちに何があったのか——「とみおか子ども未来ネットワーク」の 2 年間」『現代思想』41 (3)，168-185．

————，2015，「6 年目の原発避難に向けて——福島県富岡住民として、いま思うこと」（小熊・赤坂編 2015，147-166）．

伊藤浩志，2017，『復興ストレス——失われゆく被災の言葉』彩流社．

井上博夫，2020，「福島原発事故からの復興政策と財政——避難指示 12 町村の財政分析に基づいて」『環境と公害』49 (4)，43-49．

今井照，2017，「避難自治体の再建」（長谷川・山本編 2017，132-162）．

大塚耕太郎・加藤寛・金吉晴・松本和紀編，2016，『災害時のメンタルヘルス』医学書院．

大友信勝，2018，「福島原発事故避難者問題の構造とチェルノブイリ法」（戸田編 2018，190-205）．

小熊英二・赤坂憲雄編，2015，『ゴーストタウンから死者は出ない——東北復興の経路依存』人文書院．

加藤眞義，2019，「福島の復興——復興の意味の単純化と被災者ニーズの多様性」（吉野・加藤編 2019，249-267）．

関西学院大学復興制度研究所・東日本大震災支援全国ネットワーク・福島の子どもたちを守る法律家ネットワーク編，2015，『原発避難白書』人文書院．

岸政彦・石岡丈昇・丸山里美，2016，『質的社会調査の方法——他者の合理性の理解社会学』有斐閣．

齋藤純一，2017，『不平等を考える——政治理論入門』ちくま新書．

佐久間政広，2017，「過疎高齢化の著しい山村集落の存続策——宮城県七ヶ宿町 H 地区の事例」『社会学研究』100，83-104．

————，2020，「震災被災者にとって被災前の居住地はどのような意味を持つか——東日本大震災における強いられた移動をめぐって」『年報 村落社会研究』56，215-233．

佐々木寛，2017，「「エネルギー・デモクラシー」の挑戦——新潟県の原発検証委員会に

　　　ついて」『日本原子力学会誌』59 (12)，682-683.

佐藤彰彦，2013，「原発避難者を取り巻く問題の構造──タウンミーティング事業の取り組み・支援活動からみえてきたこと」『社会学評論』64 (3)，439-458.

清水晶紀，2019a，「原子力災害法制の現状と課題」（丹波・清水編 2019，215-242）.

──────，2019b，「原子力災害からの生活再建と新たな災害復興法制度の展望」（丹波・清水編 2019，273-295）.

清水奈名子，2014，「原発事故子ども・被災者支援法の課題──被災者の健康を享受する権利の保障をめぐって」『社会福祉研究』119，179-187.

関礼子，2003，『新潟水俣病をめぐる制度・表象・地域』東信堂.

──────，2015，「強制された避難・強要される帰還──「構造災」からの離脱と生活の復興」（関編 2015，120-140）.

──────，2018，「故郷喪失から故郷剥奪の被害論へ」（関編 2018，146-161）.

──────，2019，「土地に根ざして生きる権利──津島原発訴訟と『ふるさと喪失／剥奪』被害」『環境と公害』48 (3)，45-50.

──────，2020，「避難者支援の社会正義──新潟県の災害経験と支援のかたち」『応用社会学研究』62，19-36.

──────編，2015，『"生きる" 時間のパラダイム──被災現地から描く原発事故後の世界』日本評論社.

──────編，2018，『被災と避難の社会学』東信堂.

成元哲編，2015，『終わらない被災の時間──原発事故が福島県中通りの親子に与える影響』石風社.

高木竜輔，2017，「避難指示区域からの原発被災者における生活再建とその課題」（長谷川・山本編 2017，93-131）.

髙橋若菜，2014，「福島県外における原発避難者の実情と受入れ自治体による支援──新潟県による広域避難者アンケートを題材として」『宇都宮大学国際学部研究論集』38，35-51.

髙橋若菜編・田口卓臣・松井克浩，2016，『原発避難と創発的支援──活かされた中越の災害対応経験』本の泉社.

髙橋若菜・小池由佳，2018，「原発避難生活史 (1) 事故から本避難に至る道」『宇都宮大学国際学部研究論集』46，51-71.

髙橋若菜・小池由佳，2019，「原発避難生活史 (2) 事故から本避難に至る道」『宇都宮大学国際学部研究論集』47，91-111.

髙橋若菜・清水奈名子・髙橋知花，2020，「看過された広域避難者の意向 (1) ──新潟・山形・秋田県自治体調査に実在したエビデンス」『宇都宮大学国際学部研究論集』50，43-62.

立石雅昭・にいがた自治体研究所編，2018，『原発再稼働と自治体──民意が動かす「3つの検証」』自治体研究社.

田村啓子・本間寛子・北村秀明，2016，「新潟県精神保健福祉協会こころのケアセンター」（大塚ほか編 2016，240-241）.

田村啓子・松井克浩，2020，「県外避難者支援の現状と課題——新潟県精神保健福祉協会の取り組みから」（吉原ほか編 2020，425-452）.

丹波史紀，2012，「福島第一原子力発電所事故と避難者の実態——双葉 8 町村調査を通して」『環境と公害』41（4），39-45.

——，2019，「ふくしま原子力災害からの複線型復興へ」（丹波・清水編 2019，1-19）.

丹波史紀・清水晶紀編，2019，『ふくしま原子力災害からの複線型復興——一人ひとりの生活再建と「尊厳」の回復に向けて』ミネルヴァ書房.

辻内琢也，2018，「原発避難いじめの実態と構造的暴力」（戸田編 2018，14-57）.

戸田典樹，2018，『福島原発事故 取り残される避難者——直面する生活問題の現状とこれからの支援課題』明石書店.

とみおか子ども未来ネットワーク・社会学広域避難研究会富岡班編，2013，『活動記録 vol.1』.

直野章子，2010，「ヒロシマの記憶風景——国民の創作と不気味な時空間」『社会学評論』60（4），500-516.

新潟県，2018，『福島第一原発事故による避難生活に関する総合的調査報告書』.

新潟県精神保健福祉協会こころのケアセンター編，2014a，『こころのケアセンター 10 年の活動記録 ふるさとのこころを取り戻すために』新潟県精神保健福祉協会.

——編，2014b，『中越地震から 10 年 被災者のこころに寄り添って』.

新潟県精神保健福祉協会編，2019，『県外避難者支援における支援ニーズの変化と支援の課題——5 年間の支援活動を通して』.

新潟日報社特別取材班，2009，『原発と地震——柏崎刈羽「震度 7」の警告』講談社.

西城戸誠・原田峻，2019，『避難と支援——埼玉県における広域避難者支援のローカルガバナンス』新泉社.

二宮淳悟，2018，「原発避難者の「住まい」と法制度——現状と課題」（吉村ほか編 2018，243-253）.

長谷川公一・山本薫子編，2017，『原発震災と避難——原子力政策の転換は可能か』有斐閣.

浜日出夫，2010，「記憶と場所——近代的時間・空間の変容」『社会学評論』60（4），465-480.

疋田香澄，2018，『原発事故後の子ども保養支援——「避難」と「復興」とともに』人文書院.

平岡路子・除本理史，2015，「原発賠償の仕組みと問題点——生活再建と地域再生に向けた課題」（除本・渡辺編 2015，169-186）.

平川秀幸，2017a，「子ども・被災者支援法の「意義」を掘り起こす——リスクガバナンスのデュープロセスともう一つの権利侵害」『科学』87（3），263-270.

——，2017b，「避難と不安の正当性——科学技術社会論からの考察」『法律時報』89（8），71-76.

福島大学うつくしまふくしま未来支援センター，2018，『第 2 回双葉郡住民実態調査報告

書』.

藤川賢, 2015,「被害の社会的拡大とコミュニティ再建をめぐる課題——地域分断への不安と発言の抑制」(除本・渡辺編 2015, 35-59).

藤川賢・除本理史編, 2018,『放射能汚染はなぜくりかえされるのか——地域の経験をつなぐ』東信堂.

復興庁, 2020,「令和元年度 原子力被災自治体における住民意向調査 調査結果(概要)」.

舟橋晴俊, 2017,「福島原発震災が提起する日本社会の変革をめぐる 3 つの課題」(長谷川・山本編 2017, 2-27).

細谷昂, 2017,「庄内モノグラフ調査をめぐって」『村落社会研究ジャーナル』46, 14-24.

本間寛子, 2014,「被災地におけるこころのケアとは」(新潟県精神保健福祉協会こころのケアセンター編 2014b, 17).

松井克浩, 2008,『中越地震の記憶——人の絆と復興への道』高志書院.

―――, 2011,『震災・復興の社会学——2 つの「中越」から「東日本」へ』リベルタ出版.

―――, 2013,「新潟県における広域避難者の現状と支援」『社会学年報』42, 61-71.

―――, 2014,「一人ひとりが尊重される社会へ」(新潟県精神保健福祉協会こころのケアセンター編 2014b, 16).

―――, 2017,『故郷喪失と再生への時間——新潟県への原発避難と支援の社会学』東信堂.

―――, 2018,「原発事故による避難生活の現状と課題——新潟県における検証作業から」(立石ほか編 2018, 53-65).

松薗祐子, 2015,「選択と集中に抗う生活圏としての地域社会への問い」『地域社会学会会報』192, 2-4.

―――, 2016,「「二つのコミュニティを生きること」の意味——原発避難者の事例にみる避難元コミュニティと避難先コミュニティ」『淑徳大学研究紀要』50, 15-30.

山古志村編, 2005,『山古志復興プラン——帰ろう山古志へ』山古志村.

山下祐介・開沼博編, 2012,『「原発避難」論——避難の実像からセカンドタウン、故郷再生まで』明石書店.

山下祐介・市村高志・佐藤彰彦, 2016,『人間なき復興——原発避難と国民の「不理解」をめぐって』筑摩書房 (ちくま文庫).

山本薫子, 2017,「「原発避難」をめぐる問題の諸相と課題」(長谷川・山本編 2017, 60-92).

山本薫子・髙木竜輔・佐藤彰彦・山下祐介, 2015,『原発避難者の声を聞く——復興政策の何が問題か』岩波ブックレット.

除本理史, 2015,「避難者の『ふるさとの喪失』は償われているか」(淡路ほか編 2015, 189-209).

―――, 2018a,「福島原発事故における被害者の分断——賠償と復興政策の問題点」(藤川・除本編 2018, 155-172).

―――, 2018b,「市民が抱く不安の合理性——原発「自主避難」に関する司法判断を

めぐって」（藤川・除本編 2018，173-193）．

───，2018c，「「ふるさとの喪失」被害とその回復措置」（吉村ほか編 2018: 88-97）．

───，2019a，「原発事故集団訴訟から「ふるさとの喪失」被害の可視化へ」『環境社会学研究』25，142-156．

───，2019b，「賠償の問題点と被害者集団訴訟」（丹波・清水編 2019，243-271）．

───，2020，「福島原発事故における「賠償政策」──政府の復興方針は賠償指針・基準にどう影響を与えてきたか」『経営研究』71（1），1-16．

除本理史・渡辺淑彦編，2015，『原発災害はなぜ不均等な復興をもたらすのか──福島事故から「人間の復興」、地域再生へ』ミネルヴァ書房．

吉田千亜，2017，「原発事故 7 年目に問われる「復興」(2) ──ひろがる「復興計画」と「被害実態」のかい離」『世界』895，173-179．

───，2018，『その後の福島──原発事故後を生きる人々』人文書院．

───，2020，『孤塁──双葉郡消防士たちの 3・11』岩波書店．

吉野英岐・加藤眞義編，2019，『震災復興と展望──持続可能な地域社会をめざして』有斐閣．

吉原直樹，2004，『時間と空間で読む近代の物語──戦後社会の水脈をさぐる』有斐閣．

吉原直樹・山川充夫・清水亮・松本行真編，2020，『東日本大震災と〈自立・支援〉の生活記録』六花出版．

吉村良一・下山憲治・大坂恵里・除本理史編，2018，『原発事故被害回復の法と政策』日本評論社．

米山隆一・大友信勝・戸田典樹，2018，「米山隆一新潟県知事インタビュー──原発事故、その影響と課題」（戸田編 2018，222-244）．

若松英輔・和合亮一，2015，『往復書簡 悲しみが言葉をつむぐとき』岩波書店．

渡邊登，2018，「新潟県における福島第一原発事故避難者の現状と課題」（関編 2018，122-145）．

索　引

人名索引

事項索引

■ 著者紹介

松井　克浩（まつい　かつひろ）

1961 年　新潟県生まれ。宮城県女川町に育つ
1991 年　東北大学大学院文学研究科博士課程単位取得退学
現在　新潟大学人文学部教授（社会学理論・地域社会学）

主な著書

『デモクラシー・リフレクション──巻町住民投票の社会学』リベルタ出版、2005 年（共著）
『ヴェーバー社会理論のダイナミクス──「諒解」概念による『経済と社会』の再検討』未來社、2007 年
『中越地震の記憶──人の絆と復興への道』高志書院、2008 年
『比較歴史社会学へのいざない──マックス・ヴェーバーを知の交流点として』勁草書房、2009 年（共著）
『防災コミュニティの基層──東北 6 都市の町内会分析』御茶の水書房、2011 年（共著）
『震災・復興の社会学──2 つの「中越」から「東日本」へ』リベルタ出版、2011 年
『防災の社会学──防災コミュニティの社会設計に向けて〔第二版〕』東信堂、2012 年（共著）
『原発避難と創発的支援──活かされた中越の災害対応経験』本の泉社、2016 年（共著）
『故郷喪失と再生への時間──新潟県への原発避難と支援の社会学』東信堂、2017 年
『原発再稼働と自治体──民意が動かす「3 つの検証」』自治体研究社、2018 年（共著）

原発避難と再生への模索──「自分ごと」として考える──

2021 年 3 月 11 日　初版　第 1 刷発行

〔検印省略〕
＊定価はカバーに表示してあります。

著者© 松井克浩　　発行者 下田勝司　　　　　印刷・製本／中央精版印刷株式会社

東京都文京区向丘 1-20-6　郵便振替 00110-6-37828
〒 113-0023　TEL 03-3818-5521（代）　FAX 03-3818-5514

発 行 所
株式会社 東信堂

Published by TOSHINDO PUBLISHING CO., LTD.
1-20-6, Mukougaoka, Bunkyo-ku, Tokyo, 113-0023 Japan
E-Mail：tk203444@fsinet.or.jp　http://www.toshindo-pub.com

ISBN978-4-7989-1686-6　C3036　©MATSUI Katsuhiro

━━━━ 東信堂 ━━━━

原発災害と地元コミュニティ ——福島県川内村奮闘記	鳥越皓之編著	三六〇〇円
東京は世界最悪の災害危険都市 ——日本の主要都市の自然災害リスク	水谷武司	二〇〇〇円
故郷喪失と再生への時間 ——新潟県への原発避難と支援の社会学	松井克浩	三二〇〇円
被災と避難の社会学	関礼子編著	二三〇〇円
多層性とダイナミズム ——沖縄・石垣島の社会学	高関礼子一子編著	二四〇〇円
豊田とトヨタ ——産業グローバル化先進地域の現在	山岡丹辺宣彦 口村博徹史也編著	四六〇〇円
社会階層と集団形成の変容 ——集合行為と「物象化」のメカニズム	丹辺宣彦	六五〇〇円
【現代社会学叢書より】		
世界の都市社会計画——グローバル時代 の都市社会計画	橋本和孝・藤田 弘夫・吉原直樹編著	二三〇〇円
都市社会計画の思想と展開	橋本和孝・藤田 弘夫・吉原直樹編著	二三〇〇円
〔アーバン・ソーシャル・プランニングを考える・全2巻〕		
現代大都市社会論——分極化する都市?	園部雅久	三八〇〇円
インナーシティのコミュニティ形成 ——神戸市真野住民のまちづくり	今野裕昭	五四〇〇円
〔地域社会学講座 全3巻〕		
地域社会学の視座と方法	似田貝香門監修	二五〇〇円
グローバリゼーション/ポスト・モダンと地域社会	古城利明監修	二五〇〇円
地域社会の政策とガバナンス	矢岩澤崎信澄彦 子監修	二七〇〇円
〔シリーズ防災を考える・全6巻〕		
防災の社会学【第二版】 ——防災コミュニティの社会設計へ向けて	吉原直樹編	三八〇〇円
防災の心理学——ほんとうの安心とは何か	仁平義明編	三一〇〇円
防災の法と仕組み	生田長人編	三一〇〇円
防災教育の展開	今村文彦編	三二〇〇円
防災と都市・地域計画	増田聡編	続刊
防災の歴史と文化	平川新編	続刊

〒 113-0023　東京都文京区向丘 1·20·6
TEL 03·3818·5521　FAX03·3818·5514　振替 00110·6·37828
Email tk203444@fsinet.or.jp　URL:http://www.toshindo-pub.com/

※定価：表示価格（本体）＋税